U0226256

全球变化与区域气象灾害风险评估丛书

城郊农田植被生长特征对城市化响应

张　强　朱秀迪　王　港　著

科学出版社

北　京

内 容 简 介

　　本书是有关自然地理学和城市化领域方面的著作。本书利用多源数据和数学统计方法，在城郊农田植被生长特征对城市化响应等方面进行了探索，并讨论了气候变化和城市化背景下城郊农田景观格局、植被生产力的空间格局及其影响因素。

　　本书可供自然地理学或城市化研究方向的研究者或爱好者阅读。

审图号：GS(2021)6790 号

图书在版编目(CIP)数据

城郊农田植被生长特征对城市化响应/张强，朱秀迪，王港著. —北京：科学出版社，2022.3
（全球变化与区域气象灾害风险评估丛书）
ISBN 978-7-03-070343-9

Ⅰ．①城…　Ⅱ．①张…　②朱…　③王…　Ⅲ．①城郊农业–农田基本建设–研究　Ⅳ．①S28

中国版本图书馆 CIP 数据核字(2021)第 219256 号

责任编辑：周　丹　沈　旭/责任校对：崔向琳
责任印制：师艳茹/封面设计：许　瑞

科学出版社 出版
北京东黄城根北街 16 号
邮政编码：100717
http://www.sciencep.com
北京九天鸿程印刷有限责任公司 印刷
科学出版社发行　各地新华书店经销
*
2022 年 3 月第　一　版　　开本：720×1000　1/16
2022 年 3 月第一次印刷　　印张：13 1/4
字数：267 000
定价：159.00 元
（如有印装质量问题，我社负责调换）

丛 书 序 一

近年来，全球热浪、干旱、洪涝等气象灾害事件频发，气候变化影响日益显现。2022 年联合国政府间气候变化专门委员会发布报告指出：气候变化的影响和风险日益增长，随着全球气温升幅走向 1.5℃，会让世界在今后 20 年面临多重灾害风险危害。世界气象组织 2021 年发布的《2020 年全球气候状况声明》中强调：持续的气候变化、极端天气气候事件的发生频率和强度均呈显著增加趋势及其带来的重大损失和破坏，都正在影响着人类、经济和社会可持续发展。

国际社会已高度关注气候变化引起的灾害风险，并积极推进全球从灾后应对向灾害风险综合防范转变。《2015—2030 年减轻灾害风险框架》中着重强调灾害风险管理，并将全面理解灾害风险各个维度列为第一优先研究领域。世界各国政府组织与科研机构，如美国联邦应急管理署、英国气候变化委员会、荷兰环境评估署（PBL）、德国波兹坦气候影响研究所等，都在不断加强重大气象灾害风险防范能力建设方面的工作。2021 年，第 26 届格拉斯哥气候峰会上，中美两国发表联合声明认同气候危机的严重性，将进一步共同努力，实现《巴黎协定》中设定的降低 1.5℃ 的目标。

中国的气象灾害种类多、频次高、影响范围广，占所有自然灾害的 70% 以上，是造成社会经济损失最大的灾种。习近平总书记多次强调要加强自然灾害防治工作，要建立高效科学的自然灾害防治体系，提高全社会自然灾害防控能力。为增强气象灾害防御，保障经济和社会发展，围绕全球及区域尺度气象灾害风险评估方面也涌现了大量研究，例如全球洪水人口风险评估、气候变暖对全球经济和人类健康风险评估、共享社会经济路径情景研究等。

在北京师范大学张强教授主持的科技部国家重点研发计划项目"不同温升情景下区域气象灾害风险预估"（项目编号 2019YFA0606900）资助下，近百名项目科研人员经过深入研究，系统评估了历史灾害发生规律及特点，面向未来评估了基于不同气候变化情景和共享社会经济路径下的气象灾害综合风险。研究成果揭示了气象灾害对社会经济和生态环境影响过程和机制，构建出了区域极端气候事件模拟与灾害风险预估理论框架和技术体系，研制了灾害风险预估数据集和产品共享平台，朝着全面提升不同温升情景下区域气象灾害风险预估与综合防范能力迈进了重要一步。这些区域极端气候事件的模拟及风险预估模型，不同温升情景下（2.0℃及以上）高精度区域气象灾害风险图集及共享平台，无疑为中国应对全球气候变化及提升综合风险防范能力提供了关键科技支撑。相关成果可望为各行业、部门和相关研究者，特别是气候变化研究、自然灾害风险评估、水文气象灾害模拟、未来气候变化预估等工作提供最新的、系统的理论与数据支撑。

　　项目组邀请我为该丛书撰序，我欣然应允，并祝贺"全球变化与区域气象灾害风险评估丛书"的出版，相信其对我国应对气候变化和气象灾害评估研究有示范作用和重要的意义。

中国工程院院士　王浩

2022 年 3 月于北京

丛 书 序 二

气候变化和人类活动共同深刻地影响着流域水文循环及水资源演变过程与时空格局。自然变异及人类强迫共同促使多介质水行为中水汽输送、降水、蒸发、入渗、产流和汇流等重要水循环过程及其相互转化机制发生改变，进而改变全球水资源及自然灾害时空格局。近年来，以全球暖化为特征的气候变化显著改变了区域乃至全球尺度的水循环过程，导致洪洪涝、干旱等水文气象灾害频发，给经济社会发展造成了重大损失，严重影响了经济社会可持续发展。

2018年，IPCC组织发布的《全球1.5℃增暖特别报告》指出，全球温度升高2℃的真实影响将比预测中的更为严重，若将目标调整为1.5℃，人类将能避免大量因气候变化带来的损失与风险。所以在当前全球气候变暖影响下，水文气象灾害在未来不同温升情景下发生发展的不确定性及其重大灾害效应已成为国家及区域可持续发展的重大科技需求。中国区域季风气候系统构成复杂，生态脆弱，灾害频发，水热交换频繁。近几十年来，大量研究表明中国极端降水、干旱等气象灾害事件呈增加趋势，给河道安全、农业生产和社会经济等带来巨大隐患。

围绕国家战略需求，揭示气象灾害对社会经济和生态环境的影响过程和机制，研制出不同温升情景下（2.℃及以上）高精度区域气象灾害风险图集，便成为国家应对未来气候变化的重要科技支撑和参考。北京师范大学张强教授带领研究团队长期从事水文气象灾害和未来气候变化研究，于2019年联合多家单位成功申报获得科技部国家重点研发计划项目"不同温升情景下区域气象灾害风险预估"（项目编号2019YFA0606900），几年来，经过深入系统研究，获得了一系列创新性成果，开展了气象灾害对社会经济影响过程与传导机制研究，模拟和预测陆地植被生态系统结构演变及其对气象灾害影响的反馈作用，量化了气象灾害对生态环境影响临界阈值和反馈风险，研制了多灾种-多承灾体-多区域综合风险评估模型，刻画区域气象灾害爆发、高峰、消亡动态演进过程，评估不同温升情景和不同共享社会经济路径下典型区域气象灾害的社会经济和生态环境综合风险，发展集成了多致灾因子-多承灾体综合风险动态评估技术体系，为国家减灾防灾和相关政策制定提供了科技支撑，做出了重要贡献。

几年来，我见证了该项目申请、研发、阶段性成果产出以及最终的丛书成果凝练和出版。该丛书从多学科交叉角度出发，综合开展不同温升情景下区域气象灾害风险预估。通过科技创新，快速并准确地为气象灾害风险动态评估提供技术方法，可为我国应对气候变化和社会经济可持续发展提供科技支撑。该丛书可作为研究气候变化、自然灾害和环境演变的科技工作者以及相关业务部门人员的参考应用并推动气候变化科学和气象灾害研究取得进展。

中国科学院院士 傅伯杰

2022 年 3 月于北京

丛 书 序 三

　　全球变化深刻影响着人类的生存和发展，已成为当今世界各国和社会各界非常关切的重大问题。联合国政府间气候变化专门委员会（IPCC）第六次评估报告明确指出全球气候系统经历着快速而广泛的变化，气候变暖的速度正在加快。研究表明，全球变暖导致气象灾害事件的频率和强度均呈显著增加趋势，气象灾害对中国的灾害性影响愈趋严重。据统计，由不良天气引发的气象灾害占中国所有自然灾害的70%以上，我国每年仅重大气象灾害影响的人口大约达4亿人次，所造成的经济损失约占到国内生产总值的1%~3%。不同温升情景下区域气象灾害风险预估研究会为国家妥善应对全球变化、参与全球气候治理及国际气候谈判提供科学支撑。

　　中国地处东亚季风区，复杂多样的地形地貌和气候特征决定了气象灾害的频发特征，是世界典型的"气候脆弱区"。在全球变暖背景下，区域气象灾害的演变规律及其对社会经济和生态环境的影响已成为应对气候变化的关键科学问题。深入研究温升情景下气象灾害对社会经济和生态环境影响的过程机制、特征程度、变化趋势，预估不同温升情景下区域气象灾害风险，为应对气候变化提供科学依据，有利于提升国家综合应对与风险防范水平，具有重大的科学意义和服务国家战略的应用价值。

　　在北京师范大学张强教授主持的科技部国家重点研发计划项目"不同温升情景下区域气象灾害风险预估"（项目编号2019YFA0606900）的资助下，北京师范大学联合中国科学院地理科学与资源研究所、国家气象信息中心、青海师范大学等国内气象灾害风险预估领域的主要大学和科研机构，聚焦气象灾害风险重大科学问题，开展了"理论研究-技术研发-平台构建-决策服务"全链条贯通式研究，基于重构的气象灾害历史序列和多源数据融合技术，辨识气象灾害对区域社会经济的影响与传导特性，揭示区域气象灾害对生态环境变化的影响过程与反馈机制，形成不同温升情景下极端气候事件对区域社会经济和生态环境的综合风险评估方法体系，为未来气候变化的灾害风险防范提供决策支持。项目成果明显体现出我国全球变化研究特别是全球变化的灾害效应理论研究水平的提升，亦为我国应对气候变化和社会经济、生态环境可持续发展提供重要科技支撑。

　　基于项目研究成果，编撰了"全球变化与区域气象灾害风险评估丛书"，成为我国适应气候变化和应对气象灾害的标志性成果。在项目研究和丛书编撰过程中，一批气象水文灾害领域的中青年学者得到长足发展，有些已经成为领军人才。相信读者能从该丛书中体会到中国气候变化灾害效应研究水平的显著提升，看到一批青年人才成长的步伐和为对未来该领域发展打下的良好基础。期盼"全球变化与区域气象灾害风险评估丛书"早日付梓，在全球变化灾害效应研究与气象灾害风险防范中发挥重要作用。

中国科学院院士

2022 年 3 月 18 日

前　　言

　　植被是陆地生态系统的重要组成部分,对物质及能量循环具有重要调节作用,是地球天然的"降温器""净化器""保护器"。全球农田植被覆盖面积约占总植被覆盖面积的11%,农田植被是保障全球粮食安全的基本单元。由于耕作制度的原因,农田植被与自然植被生长及物候特征具有显著差异。城市化被誉为气候变化的"自然实验室",阐明农田植被生长特征对城市化不同发展模式的响应规律,量化城市化导致的环境变化与城郊农田植被生长特征的时空关联,辨识城郊景观格局变化对农田植被生长特征的影响及预测未来作物产量、优化田间管理与布局、制定城郊农业发展政策等方面均具有重要的理论及现实意义。

　　本书基于多源遥感数据、地表观测数据和再分析数据等多源数据集,研发了地理智能机器学习气温反演算法;构建了千米网格尺度地表气象要素数据集(月平均气温、月平均最高气温、月平均最低气温);探讨了城市化对城郊农田植被健康状况的多重影响特征;评估了引发城郊农田区域水热状况变化与农田植被健康状况变异的相关关系;研究了考虑不同耕作制度下不同关键物候期城郊农田植被生产力对气候变化"自然实验室"的总体和间接响应规律及其与气温及 CO_2 局部变异的时空关联;量化了城市化驱动的农田景观格局变异对单位农田植被生产力的影响规律,分析了不同气候背景下对单位农田植被生产力影响最大的景观格局因子。

　　本书主要研究结果如下:率先提出了耦合自适应时空自相关的地理智能模型,显著地提高了千米尺度地表气温降尺度重建结果的精度;研究发现了城市化对城郊农田植被健康状况影响足迹及间接影响具有显著的空间异质性,城市化对不同关键物候期农田植被生物累积量的间接影响大体呈显著促进作用,但在不同气候背景下,这种促进作用会有明显时空异质性;以三大农业区为研究案例,发现城市化对城郊农田植被的间接影响均可以抵消由城市化的直接影响造成的部分TINDVI(TINDVIBeforeMax/TINDVIAfterMax)损失;不同气候背景下,城郊的"热岛效应"与"碳岛效应"与城市化对城郊农田植被生长季累积生物量的间接影响的相关关系具有显著的空间异质性;农田的景观配置及组分对于单位农田生产力具有重要影响,且两者的相对重要性呈纬度性分布。

　　作者及其研究团队多年来一直致力于气象水文极值理论与实践研究,全书由北京师范大学张强教授、长江水资源保护科学研究所朱秀迪博士和北京师范大学王港博士共同完成。近年来在国家自然科学基金面上项目"精细时空尺度珠江三角洲城市化对洪水响应机制及未来洪水风险预估"（批准号：41771536）与国家重点研发计划项目"不同温升情景下区域气象灾害风险预估"（项目号：2019YFA0606900）的资助下，围绕城郊农田植被生长特征对城市化响应时空异质性的影响开展全面、系统的研究，取得了一系列创新成果。本书即是这些研究成果的系统总结。

全书共分为五章。第一章为绪论，介绍城市化对植被生长的影响、气候变化对农田植被的影响、影响农田植被的相关因素及影响机制、精细化地表气温反演进展和存在的问题。第二章为千米网格尺度气象要素反演与验证。第三章为城市化对城郊农田植被健康的多重影响方式及相关因素分析。第四章为城郊农田植被生产力对城市化的多重响应规律及相关因素分析。第五章为城郊农田景观格局变化对农田植被关键物候特征的影响。

在本书的编著过程中，许多人员都为之做了大量的工作，付出了辛勤的劳动。本书是基于现阶段研究工作和创新成果的总结，城郊农田植被生长特征对城市化响应涉及遥感科学与技术、统计学、地理学、生态学、大气科学等多个学科，由于作者学识水平有限，书中难免存在不足之处，恳请业内专家、同行及读者批评指正，不吝赐教，为我国城市化研究领域的发展做出更大贡献。

著　者

2021 年 1 月

目　　录

第一章　绪　　论

全球农田植被的覆盖面积约占总植被覆盖面积的 11%，其是保障全球粮食安全的基本单元。粮食安全是联合国可持续发展目标（SDGs）中的高度优先领域[1]，可持续地保障人类粮食供给需求是未来社会面临的重大挑战之一[2]。1961～2000年，全球人口呈指数型增长，极大促进了人类对食物的需求。尽管依托科技进步、政府政策、机构干预和商业投资等方式，目前粮食生产现状暂时能够满足人类的需求，基本实现粮食安全的保障[3,4]，但从 2010 年到 2050 年，由于受人口激增及饮食结构转变等影响，全球对粮食的需求预计至少增加 71%[5]（图 1-1）。此外，有许多研究成果表明未来二氧化碳（CO_2）排放及气候变化的总体趋势仍将不变，而由此引发的臭氧（O_3）浓度升高、极端气温现象及降水频率增加等衍生的环境问题极大可能会造成作物生产力的降低[6]。在这种供跌需涨的情形下，未来全球粮食是否安全仍有待探讨。作物生产力是农田植被（又称农作物）的生长状况在作物生长期内累积效应的表征。作物生产力对气候变化的响应是目前学界研究的热点与难点[6]。因此研究农田植被生长状况对气候变化的响应是理解全球变暖情景下未来粮食安全变化趋势的基础。

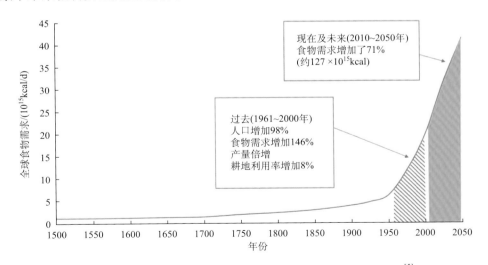

图 1-1　粮食安全面临的挑战（源自：The science of food security[5]）

气候变化和城市化作为 21 世纪两大重要的全球性环境现象,两者具有非常紧密的联系[7]。首先,城市地区密集的人口和经济活动、自然地面不透水化以及温室气体的大量排放均改变了城市及其城郊区域的水循环、大气组分以及能量平衡,因而城市化是区域以及全球尺度气候变暖的驱动力之一[8,9]。此外,城市化是气候变化的"先兆"[10]。这是由于城市热岛效应[11]与化石燃料燃烧产生的过量的 CO_2排放[12]使城市区域相较于农村地区通常具有更高的气温及 CO_2浓度,故城市系统比其他系统早几十年经历了全球变化,因而城市化又被称为全球变化研究中理想的"自然实验室"[10]。

城市及其景观格局的变化对局地微气候及 CO_2浓度的影响并不仅仅停留在城市内部,其仍会通过城乡受热不均所驱动的局地环流(热岛环流等),改变城市及城郊的物质与能量流动及地-气辐射传输等方式进而影响城市周围的环境[13,14],从而诱发城郊净初级生产力[15]、生物多样性[16]、空气质量[13]和微气候[17]等发生改变。而在同一区域,城乡梯度上的农田植被通常位于相近的光周期和气候背景下[18],故通过总结城乡梯度上农田植被生长特征的变化规律,以空间变化代替时间变化的方法探究城郊农田植被静态及动态生长状况对城市化的响应规律,可为预估未来农业生产力对气候变化的响应提供重要现实依据。

此外,保障城郊农田植被的健康状况及提高城郊作物生产力是发展都市农业的核心问题。在未来,都市农业的发展可为都市居民提供几乎所有的基本食物需求,减少农产品运输过程中的食物浪费和碳排放[19],并为相关行业提供服务,例如生物防治、授粉、气候调节等,每年约为全球带来 330 亿美元的收入[20]。故发展都市农业是解决饥饿和全球气候变化问题的关键环节之一[20],尤其是在发展中国家[19,21-25]。因此,厘清城郊的农田植被生长健康状况及农田植被生产力对城市化的多重响应规律是发展都市农业、保障未来粮食安全的前提条件之一。

目前,在全球范围内,亚洲与非洲的城市化进程发展速率较快。而在亚洲中,中国的城市化发展程度相对较高[26]。预计至 2050 年,全球城市人口将占总人口的 70%,未来全球约 50%的城市扩张将发生于发展中国家,大部分位于亚洲与非洲,尤其是中国[9,24]。在气候变化及其伴随的大气 CO_2浓度、气温升高的背景下,实现全球粮食安全是一项重大挑战,特别是对于中国这个仅拥有世界 7%的土地,却需要为世界 22%人口提供粮食的国家而言尤为重要。此外,中国地域辽阔,内陆地区有 32 个省会级别的大城市分别位于不同气候背景下的九个农业区中,是研究不同气候背景下农田植被生长特征对城市化响应规律的理想研究区域。

综上所述,认识中国不同气候背景下重要都市城郊农田植被生长特征对城市化的响应规律,调查城市化导致的环境因素的变化与城郊农田植被生长特征变化的相关关系，量化城郊景观格局变化对农田植被生长特征的影响，对预测未来作物产量、优化田间管理布局及制定都市农业发展政策等方面均具有重要的理论及现实意义[25]。

第一节 城市化对植被生长的影响

植被是陆地生态系统的重要组成部分，对于地球上的生命至关重要[27]。首先，植被是地球天然的"降温器"。一方面，植被可以吸收大气中的 CO_2[28,29]，进而有助于减轻温室效应。另一方面，植被能够通过遮阴及蒸腾作用等方式缓解城市热岛效应[30-32]。其次，植被也是大自然的"保护器"，是涵养水源、防治水土流失的重要防护措施之一[33,34]。此外，植被同样是自然界的"净化器"，它可以通过吸收 O_3、PM_{10}、NO_2、SO_2 和 CO 等污染气体，净化空气质量[35,36]，同样也能够减轻噪声污染[37,38]。

城市化对植被的影响从成因上大体可粗略分为直接影响与间接影响。其中直接影响可归纳为由不透水面扩张造成的植被数量的降低，间接影响可概括为由城市化导致城市植被所处的微环境改变造成的植被生长状态的变化。目前，研究植被对城市化响应规律的实验方法主要分为两大类：一类为观测研究方法，主要通过直接观察城市及乡村植被生长的差异来探测植被对城市化的响应规律；另一类为遥感监测研究方法，主要基于多时相植被遥感影像，对比不同不透水面比率下像元的植被指数差异及其时空演化规律来探究城市化对植被的影响。

在大众的认知中，由于城市常存在空气污染、城市热岛、土壤压实、空气湿度降低等环境问题，因此城市化会抑制植被的生长[39,40]，即城市化对城市植被的间接影响为消极影响。但一些基于观测的研究结果表明，城市化对城市植被具有显著的促进作用，如城市化对城市植被的叶光合速率[41]、树木胸径[42,43]、碳储量[44]、生物量累积状况[44-49]均表现出显著的促进作用。但该方法由于存在观测周期较长、观测点数量较少及观测空间范围有限等问题，其在大尺度空间范围的研究中难以推广。而在早期，基于遥感数据探测城市化对植被影响的相关研究中，研究者们由于未考虑混合像元的影响，通常研究的是城市化综合效益对植被绿度指数（NDVI 和 EVI）[50-52]或生态指数（NPP 和 GPP）[15,53-57]造成的影响。且这些研究多量化出城市化对植被呈显著的负面作用[15,54-56]。Zhao 等[58]基于遥感监测的植被指数（EVI），通过构建了一个剥离城市化对植被直接影响与间接影响的量化框架，首次基于遥感数据证明了在中国 32 个主要城市中，城市化的间接影响对植被系统具有显著的促进作用。随着这一理论的发展与完善，大量研究基于遥感影像监测到了城市化在不同时空尺度上对植被产生了显著的积极影响[59-61]。

但是，这些研究的研究对象大都集中在城市的自然植被上，较少研究涵盖或单独讨论城市化对城郊农田植被的影响。由于受人为管理（如耕作制度及灌溉等）的影响，农田植被与自然植被的生长特征具有显著性差异。此外，农田植被对气温升高、降水变化和二氧化碳浓度提升同样较为敏感[10,62,63]。而城郊的农田植被同样遭遇着城市化发展伴随的二氧化碳浓度升高、气温升高等微环境改变。这与全球变暖中人为强迫因素引起的环境变化特征是相近的。因此，研究区域尺度上城郊植被生长特征对城市化的响应规律有助于理解和预测未来农田植被生长特征的变化规律。然而，目前相关的研究较为匮乏，亟待进一步探究。

第二节　气候变化对农田植被的影响

一、气候变化对农田植被物候特征的影响

全球变暖已成为国内外专家学者公认的事实。IPCC 第五次评估报告指出，过去的 30 年可能是北半球近 1400 年以来最暖的 30 年[9,64]。受气候变化的影响，农田植被生长所处环境的光照、热量、水分等条件均会发生变化，进而导致农田植被物候随之改变[65]，从而驱动作物生产力发生显著的变化。在过去的 50 年内，大多数农田植被的物候特征发生了显著的改变。气候变化及人为管理措施[66,67]是导致农田植被物候改变的两大主要因素。其中气候变化以气温升高为主要驱动因子[68]。不同国家不同农田植被种类表现出相对一致的物候期变化规律为种植期的提前及灌浆期的延长[69-71]。如美国、欧洲粮食作物（玉米、大豆、小麦）的种植期约提前了 10～18 天[69,70,72,73]，在中国这种现象也显著存在[71,74]。提前种植有利于延长作物的生长及生育期，并提高叶面积指数。这些现象均有助于农田植被延长光合作用时间，促使其累积更多的有机物，从而使作物生产力提高[69]。故农田植被物候在气候变化的驱动下总体上表现出"趋利避害"的特征。但气温的升高仍会通过加快农作物生长发育速度、加速有效积温积累等方式导致传统作物品种的不同生育阶段持续时间缩短，进而增大作物减产的风险[68,71,75]。此外，全球变暖导致的生长季延长同样为生育期的延长提供了可能性。人类通过变更作物品种能够缓解气候暖化造成的生育期缩短。如选择生育期较长及耐热品种、加强田间管理措施（如施肥、灌溉、优化农田布局等），以充分利用气候变化带来的有利农业气候资源，进而延长农作物的生育期，提高作物产量，最终化不利为有利[76,77]。

二、气候变化对农作物产量的影响

气候变化对农作物的综合影响最终体现在作物产量上[78]，故明晰作物生产力对气候变化的响应规律是解决未来粮食安全问题的关键。研究表明，全球农作物产量变化的三分之一归因于气候变化，这意味着在研究未来农作物产量变化时不能忽略气候波动所带来的影响[79,80]。目前，有关农作物产量对气候变化响应的研究一直在学界受到广泛的关注[1]。然而，关于气候变化对作物产量影响的正负性问题仍具有较大不确定性。国内外的部分研究表明，在气候变化的影响下，作物单产呈现明显的上升趋势。如欧洲[81-86]、印度[87]、巴基斯坦[88]、阿根廷的潘帕斯地区[89]都发现作物单产将会增加。此外，国内也有部分研究表明在全球变暖的背景下，中国大部分地区[90]、华北平原[91,92]、西北地区[93]、东北地区[94]以及山东省部分区域[95]，作物单产总体呈现增加的态势。

然而，也有部分研究结果表明，未来作物单产对气候变化呈现明显的负反馈。一项全球尺度的研究表明，气候变化总体上降低了作物产量[96]。此外，在部分区域性研究中，如在欧洲[97-99]、澳大利亚东南部[100]、美国科罗拉多州[101]等地也呈现了作物单产对气候变化的负反馈效应。在国内，也有部分研究表明在未来气候情景的驱动下，气温的升高将导致作物生长速率加快、生育期缩短，进而导致不同种类的水稻、小麦、玉米减产风险增大，但灌溉等人为措施在一定程度上能够降低减产的发生概率[102-105]。

由于相关的研究数量十分庞大，一些学者开始尝试使用荟萃分析来对已有的研究结果进行整合。Challinor 等[106]在近期的一项荟萃分析研究中表明，如果不采取适应措施，预计在 2℃局部升温时，温带和热带地区小麦、水稻和玉米的总产量将下降。但考虑作物水平对气候变化的适应性后，模拟的作物产量平均提高了7%～15%。此外，未来热带地区产量下降的共识要强于温带地区，温带作物即使经历适度的升温，也有可能不会发生地方单产降低的情况。而另一项来自 Wilcox 和 Makowski[107]的荟萃分析结果表明，由于气温、降水和 CO_2 浓度对作物产量具有不同的影响，未来总体气候变化是否会导致作物单产增加或减少具有极大的不确定性。适当的升温及 CO_2 浓度增加会促进产量增加，但当平均气温变化高于 2.3 ℃，CO_2 浓度低于 395 mg/m^3 时，超过 50%的模拟结果表明在此情景下作物产量较大概率会产生损失。然而，不同区域模型参数中的地形、土壤和耕作方法具有明显差异，导致结果具有较大的空间分异性。此外，这些结果还没有考虑病虫害、杂草或极端变化的影响，故可能导致模拟结果与实际结果具有一定偏差。

目前主要有三大类的方法用于评估气候变化对农作物产量的影响，包括人工模拟试验、回归模型以及数值模拟。第一类方法为人工模拟试验（如 FACE 实验），主要是在密闭的环境中通过人为控制 CO_2 浓度或气温等因素变化来定量探究不同影响因素对作物产量的影响[108]。第二类方法为回归模型法，该方法主要基于历史统计数据构建回归模型，进而对气候变化下的作物单产变化进行预估[98]。但目前，大多数研究倾向于利用作物模型和气候变化情景耦合的方法探究未来气候变化对作物产量的影响[92,109-111]，主要原因是该方法不但可以模拟植被生长和发育的动态变化，而且操作方法相对简单、成本较低。

尽管模型模拟是分析农作物对气候变化的响应、预估未来粮食产量及预测粮食安全风险主要且重要的研究手段，但其需要耦合多种温室气体排放途径、气候模型和作物模型，因而模型的结构、过程、输入、假设、参数化和输出等各个环节均可能影响模型预测的准确性，因此其输出结果需谨慎使用。此外，CO_2 的参数化效果、模拟实际产量与潜在产量差异仍有待验证及校准。另外，模型常常会忽略例如害虫、灌溉、土壤退化、极端气候等伴随着气候变化及土地利用变化客观存在的事实，这也会对模型的预估结果造成明显的误差[106]。

综上所述，当前国内外关于农田植被生长特征对气候变化的响应规律尚未定论，而研究方法主要集中于耦合未来气候情景与作物模型，但模型模拟结果通常较难全面考虑人为管理情况及作物品种改良等对气候变化的适应情况，因而可能导致无法真实预估作物生产力状况对气候变化的反馈情况。

第三节　影响农田植被的相关因素及影响机制

一、气　温

气温是影响农作物生长发育的最重要的气象要素之一。大量的研究探讨了气温变化对农作物产量的影响。气温会通过多种途径影响农作物[6]。首先，较高的气温会导致农作物更快地生长，从而缩短农作物生长持续时间。故在仅依赖气候调控的情形下，气温大部分时候可能导致农作物产量较低[112]。但由于农作物很大程度上受人为管理的影响，当选择适合的农作物品种时，气温升高反而对农作物的生育期的延长起着积极的作用，进而促进作物产量的提高[68]。也有研究表明，在未超过热损害阈值之前，气温升高对农作物生长及产量的累积是有益的[113,114]。

其次，气温会影响农作物的光合作用、呼吸作用及籽粒填充的速率等从而影响作物产量累积的关键生长过程。不同类型作物的光合作用最佳气温具有显著的差异。如 C4 农作物（例如玉米和甘蔗）一般比 C3 农作物（例如水稻和小麦）具有更高的光合作用最佳气温。但即使是 C4 作物，在高温胁迫时光合作用也会下降[115]。白天气温增加对净光合作用的影响具体取决于当前的气温与最佳气温的差距[114]。

再次，变暖会导致空气的饱和蒸汽压亏缺（VPD）呈指数增长。VPD 是指在一定气温下，饱和水汽压与实际水汽压之间的差值[116]。在相对湿度恒定的情形下，气温升高会增加空气与叶片之间的 VPD[6]。近几十年来，相对湿度在较大的空间尺度上大致保持恒定，并且预计将来其变化幅度也不会较大[117]。VPD 的增加会导致水分利用效率的降低，植物每单位碳吸收的水分变多[118]。因此，在非常高的 VPD 的状况下，农田植被会通过关闭气孔对 VPD 的极端变化情况产生响应，而这种响应伴随着光合作用速率降低和冠层温度增加，会影响到农田植被的生长状况。另外，极端气温可直接损伤植物细胞。而气候变暖会改变气温的概率分布，从而导致极端气温发生的可能性增大，对农作物生产力造成极大的损害[119]。此外，春季和秋季霜冻风险的降低能够促进多个温带无霜生长季节的延长[120]，从而使部分较寒冷区域的农作物能够有较好的收成。另一方面，气温升高增加了关键生殖期热应激的发生概率，这可能增加农作物不育、单产降低和歉收的风险[121]。最后，气温及 CO_2 升高可能导致农作物发生病虫害的风险增大[122]。

二、水 分 胁 迫

许多研究表明，温室气体引起的全球变暖可能会导致更为广泛的农业干旱[123]。农业干旱发生率的增加将增加农作物的水分胁迫[124]。目前，部分地区缺乏灌溉基础设施。虽然部分地区可能会扩大灌溉规模，但在干旱较为严重时，水分的供应常常会受到限制。当遭遇水分胁迫时，农作物将通过关闭其气孔、减缓碳的吸收等方式来避免水分胁迫，抑制农作物光合作用的进行，进而对作物的生长发育以及作物产量造成负面影响[112,125]。此外，气候变暖会引发极端降水频率增加[124,126]，极端降水的发生容易导致洪水泛滥和土壤涝渍，也是造成作物减产的原因之一。最后，雨季发生时间的变化也会导致农民无法估计合适的播种日期，进而导致作物产量降低[6]。

三、二氧化碳

CO_2 浓度的上升是全球变暖和气候变化的最重要驱动力之一[127]。未来的全球粮食安全将取决于农田植被的生理过程，而该过程将受到包括高 CO_2 在内的气候变化因素综合结果的影响[128,129]。大气中 CO_2 浓度的上升能够抵消部分由气温升高和降水变化对作物造成的负面效应[130]。首先，作为光合作用的原料，CO_2 既可以提高光合作用强度，也可以减轻 C3 光合作用的光呼吸成本，因此较高的 CO_2 浓度对小麦、水稻、大多数水果和蔬菜等 C3 型作物具有显著的施肥作用。此外，CO_2 浓度升高能够降低气孔导度，从而提高了 C3 和 C4 作物的土壤水利用效率，进而提高作物产量[131]。然而这种"施肥效应"在不同研究之间差异很大，并且在相关研究领域中仍然是一个颇有争议的话题[132]。如有研究表明高浓度 CO_2 不会刺激 C4 植物的光合作用，因此对作物生产力没有影响[127,133]，灌溉良好的作物也不会由于 CO_2 浓度升高而增加产量[134]；也有研究表明 CO_2 浓度的升高会减少硝酸盐同化，降低可收获产量中的蛋白质浓度，从而降低作物的营养质量[132]。

四、农艺管理因素及作物品种

不同的作物管理方式（灌溉与雨养）下的农作物对气候变化的响应方式具有明显的差异。灌溉条件下的农田植被生产力通常比雨养条件下的农田植被生产力对气候变化造成的负面影响响应弱，这主要是因为灌溉可防止气候变暖造成的水分胁迫，使作物能够保持较高的蒸腾速率，有助于冠层降温并防止高温损害导致的产量损失[135]。因此，雨养农业对极端气候变化的响应更为敏感和剧烈。

此外，不同的作物种类具有不同的最适宜气温及 CO_2 浓度。Hatfield 等[125]的一项综述结果表明不同作物的最适宜季节平均气温具有明显差异，小麦为 15℃，玉米为 18℃，大豆为 22℃，大米为 23℃，菜豆、棉花和高粱为 25℃。而且，不同作物对 CO_2 浓度反馈的敏感性具有显著差异，如 C4 作物、C3 作物、块根和块茎作物对 CO_2 浓度反馈的敏感性依次增加[6]。

综上所述，在人为管理的情形下，作物生产力对气候变化导致的主要环境因子（温度、水分胁迫、CO_2 浓度等）变化情况的响应规律仍有争议，有待进一步探讨。

第四节 精细化地表气温反演进展

地表气温是影响农田植被生长状况最重要的环境因子之一，也是影响生态环境[136]、生物圈过程[137,138]的关键气象因子之一。它不仅能够描述陆表背景环境和热量特征，也是气象预报中最重要的观测变量。精细尺度的栅格气温数据能提供区域范围内气温的连续分布情况[139]，是各种植物生理、水文循环、气象模型或模式中关键的输入参数[140-142]。因此，获得精准度及分辨率较高的栅格化地表气温数据对于更好地理解陆表过程和气候变化具有重要意义[143]。

目前大多数已公开的地表气温数据产品的空间分辨率较粗略[144,145]。此外，鲜有的高精度地表气温数据源虽然在国家尺度有着相对较高的精度，但对城市尺度等局部微尺度地表气温的预估表现情况不甚理想，故难以满足城市尺度等区域型尺度研究对气温空间分辨率及预估准确度的需求[146]。

现今，常用的近地表气温高分辨率数据重建途径主要分为两大类别：空间统计插值和遥感气温空间化[141,147-156]。空间统计插值通常是通过空间插值方法将气象站点的气温数据栅格化[147-149]。虽然空间统计插值法由于技术成熟、操作方便等特点被广泛地应用于气温栅格化相关的研究中[157-159]，但站点数据和插值算法自身特点对气温估计带来了较大误差[160]。气象站点拥有较长时间观测气温资料，但气象站点空间分布密度小，且站点所在位置存在显著的空间差异性，故气温观测资料只能代表气象站点附近有限范围内的气温变化[161]。而常见空间统计插值法主要通过数学方法充分挖掘站点实测气温之间的相关关系，无法考虑到地形差异、下垫面结构、近海距离等重要地理参数因子，进而使气温估计精度显著降低，气温空间分布细节描述能力差。以上问题对于高温低温的估计带来了较大的不确定性及误差[162,163]，进而可能得出具有误导性的研究结论[160]。

遥感气温空间化的方法主要分为三大类[164]：①基于一元或多元线性回归模型法[141,150-153,155,156]。该方法主要通过分析气温站点处的近地表气温与相关变量的关系，再利用所得到的回归关系计算没有实际观测资料处的近地表气温值[165]。②温度植被指数（TVX）法。TVX 法是一种半经验模型的近地表气温反演方法[166]，通过构建植被指数和气温的统计关系来推求气温的空间分布[167-170]。③能量平衡法。能量平衡法是基于能量平衡方程，构建地表气温与地表温度及其他地表环境参数的耦合关系来重建地表气温[171]。虽然每种方法都有其优点，但由于计算时间成本、大范围及精细尺度估计准确性不足等问题，上述方法在"细尺度、广范围"类型研究中的应用受到限制[137,169,172,173]。此外，大部分地表反演算法仅考虑到预测变量之间的空间关联性，而对时间关联性关注较少。以上结果表明，在进行城市尺度等区域型尺度的研究时，精细尺度的高精度地表气温反演算法仍有待研发。

第五节　存在的问题

随着全球变暖的不断加剧及城市化进程的不断发展，植被生长对气候变化及城市化的响应特征、规律及其主要影响因素识别等相关的研究已经逐渐成为生态学及地理学领域的研究热点与难点。尽管以往相关的研究已经取得了较为丰厚的进展，但是关于农田植被对城市化及气候变化的响应规律的研究仍存在一些不足及盲区，具体表现在如下几个方面。

（一）能够反映局部微气候变化的精细尺度地表气温数据集亟待建立

气温是影响农田植被生长状况最重要的影响因素之一。但目前大多数研究常以地表温度（LST）代替地表气温（SAT）来研究植被生长状况对局部（如城市尺度）热环境变化的响应。目前，关于气候变化的研究通常是以气温的升高来作为研究标准。因而地表温度无法实现城市化与气候变化在研究尺度上的对接。此外，现有的少数高精度地表气温数据集虽然在国家尺度有着较高的精度，但对城市尺度等局部微尺度的地表气温的表现不甚理想。因此需要研发能够反映局部微气候变化的高精度地表气温的新型算法以构建满足区域尺度研究需求的理想地表气温数据集。

（二）不同气候背景下城郊农田植被生长特征对城市化的多重响应规律有待归纳

目前，气候变化对农田植被生长特征的影响一般依赖于模型模拟及在有限的时空范围内进行观测或野外实验。而由于不同气候背景下农田植被生长状况对气候变化的响应特征具有明显空间分异性，模型模拟过程常存在较大的不确定性，故基于以上研究方法得到的研究结论仍具有较大争议。而目前城市化塑造的气候变化"自然实验室"尽管在研究自然植被对气候变化的响应机制的研究中已经发挥了重要的作用，但在受人为管理干预较大的农田生态系统的研究中应用仍较为罕见。因此，基于城乡梯度法研究不同气候背景下农田植被生长特征对城市化的多重响应规律能够为研究农田植被对气候变化的响应规律提供新型的研究视角，对预估未来农田植被生长状况对气候变暖的响应规律，优化作物模型参数等方面研究奠定一定的理论基础。

（三）精细时空尺度下城郊微气候变化与农田植被生长状况的关系仍需探讨

虽然不透水面扩张对农田植被的侵占作用（直接影响）是造成城郊整体农田植被状况恶化的主要原因这一结论已被广泛接受，但由不透水面的扩张及人类活动加剧诱发城郊局部微环境（气温、降水、土壤水、CO_2浓度）的变化对农田植被生长状况的影响规律仍较少被探讨。其对预估未来农田植被生长及生产状况，协助发展都市农业等方面均具有重要的理论及实际意义。

（四）城市化驱动的农田景观格局变化与农田植被多维度物候特征的关系有待挖掘

城市化导致农田占用的总体趋势无法逆转，但合理布设农田景观组分及配置能够协助城郊农田植被更有效地适应城市化的发展。农田植被物候特征在一定程度上能够表征农田植被的生长发育状态及潜在产量。目前，尽管有部分研究论证了城市景观变化对自然类型植被（森林、草地等）的物候特征具有深刻的影响，但鲜有研究围绕城郊农田植被物候变化特征进行深入探讨，特别是反映作物生产力的物候特征更是涉及较少。故探讨城郊农田景观格局对农田植被多维度物候特征的影响对提升都市农业质量、优化都市农业布局、维持都市农业可持续发展等方面均具有重要的理论与现实意义。

第二章　千米网格尺度气象要素反演与验证

地表气温是生态环境和气象变化研究的关键气象因子之一，预估精细化大范围的地表气温对于深入理解区域尺度（如城市尺度、生态系统尺度）的陆地表面过程及全球变化等重大科学问题具有重要理论及现实意义。目前现有的高分辨率近地表气温预估方法由于未考虑地形差异、下垫面结构、预测变量的时空相关性等重要物理参数因子，以及受到局地气温监测资料匮乏、云干扰等问题的影响，导致大范围精细化地表气温估计准确度仍有待提高，同样也致使精细尺度气温时空特征相关研究存在较大的不确定性。

基于此，本章提出了考虑自适应时空自相关性的高精度地理智能气温反演模型来代替单一的空间插值及线性回归模型。在甄选优质模型训练变量的前提下，耦合自适应时空自相关算法与多种机器学习方法，将站点观测气温数据的空间分辨率提高到 1km。然后通过比较不同机器学习方法对中国区域气温数据高分辨率重建效果，挑选出最优预估模型以构建中国逐月千米分辨率空间尺度的气温数据。一方面为后续章节提供重要的方法及数据支撑，另一方面试图为精细化空间尺度气温反演相关研究提供新的研究思路。

第一节　研究数据及方法

一、研　究　数　据

本章研究内容所用的数据集可按照观测来源大致划分为三大类，包括实测数据、遥感数据及融合数据集。

实测数据为地面气象站点数据，该数据由中国气象局国家气象信息中心提供（http://data.cma.cn/）。研究主要提取了数据集中 2003～2012 年 2743 个气象站点逐日地表气温（SAT）数据，包括平均气温（T_{avg}）、最高气温（T_{max}）及最低气温（T_{min}）。该数据主要用于自适应时空自相关变量的构建及验证。气象站点的空间分布图如图 2-1 所示。图 2-1（a）主要描绘了书中所使用的气象站点的空间分布图。图 2-1（b）反映了站点空间分布的疏密程度。不难看出，在人口密集的中国东部地区，特别是华北地区，气象站点的分布较为密集。而在人口稀疏的中国西部地区，气象站点的布设密度相对较小。

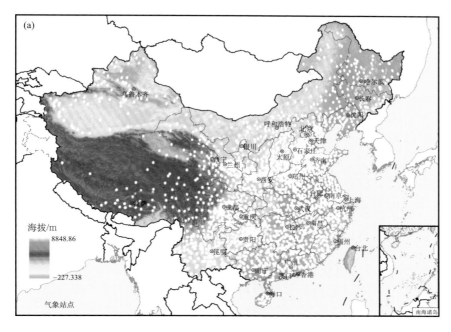

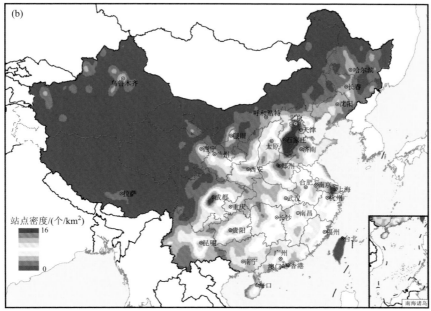

图 2-1 气象站点分布图及分布密度图

为了保障数据的精确性、完整性及一致性，本书依据该数据附属的数据处理说明，对所有数据进行了严格的质控，并将 2003～2012 年间内气温缺失值过多的站点剔除，最终共保留 2375 个站点参与模型的训练或验证过程。最终训练获得 2003～2012 年千米尺度逐月的平均气温、最高气温及最低气温数据集。

遥感数据包括地表温度（LST）数据、归一化植被指数（NDVI）数据、数字高程（DEM）数据、地表反照率（Albedo）数据及夜间灯光（NL）数据。

本书用到的地表温度数据为空间分辨率为 1km×1km 的 Terra MODIS 每日地表温度产品 MOD11A1[174]，时间范围为 2003～2012 年。MOD11A1 地表温度产品经过了 42 景不同季节和年份地表温度实地测量验证，发现绝大多数的误差在±1K 之内[175]。故该数据被广泛应用于地表温度和气温的研究之中[140,176,177]。归一化植被指数（NDVI）数据由欧盟各国共同开发（http://www.vito-eodata.be/），空间分辨率为 1km×1km。数字高程（DEM）数据采用的是由美国国家航空航天局（NASA）、美国国防部国家测绘局（NIMA）以及德国与意大利航天机构共同合作完成的联合测量航天飞机雷达地形测绘使命（SRTM）的地表高程数据（version 4），空间分辨率为 90m（http://srtm.csi.cgiar.org/）。DEM 的垂直误差在 16m 之内，是目前精度最高的 SRTM DEM 产品。地表反照率（Albedo）数据是由马里兰大学地球数据中心提供的全球 8 天的 1km 空间分辨率地表反照率数据。夜间灯光（NL）数据采用的是美国国家海洋和大气管理局（NOAA）国防气象卫星计划（DMSP）发布的每年全球夜间灯光数据（https://ngdc.noaa.gov/eog/dmsp/downloadV4composites.html）。以上的遥感数据主要用于模型训练样本数据集构建。

融合数据为荆文龙等[143]提供的每月平均气温数据集（http://www.geodoi.ac.cn/WebCn/），简称 CART 数据。本数据集基于回归树统计降尺度算法（CART），将再分析数据集（NCEP/NCAR）等粗分辨率的近地表气温数据产品融合多源遥感数据降低尺度到全国 1km 分辨率。该数据集主要作为对比数据集，用以对比验证本书所生产的数据集的时空精度。

考虑到上述多源数据空间分辨率的统一性及降尺度算法建模的需求，本节研究所涉及的遥感数据首先需要进行空间分辨率及时间分辨率的统一。具体做法主要包括两个步骤。首先将所有遥感影像，包括所获取的 MODIS 地温数据、NDVI 数据、DEM 数据、地表反照率数据等重投影到 WGS-84 坐标系，并将空间分辨率统一为 1km。然后将不同遥感数据的时间分辨率统一到月尺度。

二、机器算法介绍

本书在进行全国气温预测时共选择了 6 个模型，其中 3 个为传统的机器学习模型，分别是随机森林（RF）、反向传播神经网络（BPNN）和支持向量机（SVM），以上三种模型均被广泛应用在地学的各个领域中[165,178,179]。将未进行任何改进的随机森林、反向传播神经网络及支持向量机模型分别命名为 Ori-RF、Ori-BPNN、Ori-SVM。上述模型的原理在下面进行简单介绍。而另外 3 个模型为通过耦合自适应时空自相关算法对原始的 3 个机器学习模型进行改进后的地理智能机器学习模型。为了与传统机器学习模型进行区分，将这 3 个地理智能机器学习模型分别命名为 Geoi-RF、Geoi-BPNN 和 Geoi-SVM。地理智能机器学习模型的原理及构建过程将在下文详细阐明，这里不做详细论述。

（一）随机森林模型

随机森林模型从属于机器学习领域重要的一个分支——集成学习，其基分类器为决策树，其算法模型的简单概念图如图 2-2 所示。该算法本质上是通过提取子样本不同特征，组建多个决策树分类器。不同的决策树分类器通过独立的学习、训练，得出不同的预测结果。而后，随机森林通过整合不同决策树的结果，最终通过投票机制选取得票数最高的预测目标作为最终的结果。由于随机森林的结果是通过整合集成多个模型得到的预测结果，故其预测结果常优于决策树。该算法也被广泛应用在地学领域[180,181]。

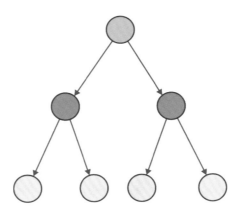

图 2-2　随机森林模型原理图

（二）反向传播神经网络

反向传播神经网络（BPNN）是在 1986 年由 Rumelhart 和 Hinton 课题组提出的多层感知器的一种。相较于多层感知器，反向传播神经网络是一种按误差逆传播算法训练的多层前馈网络，是地学领域应用较为广泛的神经网络模型之一[182-184]。BP 神经网络能学习、存储大量的输入-输出模式映射关系，且无需描述映射关系的量化表达式。其基于最速下降法这种学习规则，通过误差反向传播来不断调整网络的权重和阈值，使网络的误差平方和最小[185]，进而得出最优解。BPNN 的简化原理及流程如图 2-3 所示，反向传播神经网络模型拓扑结构包括输入层、隐含层和输出层。训练数据通过输入层开始传递，通过隐含层调整多节点最优权重及阈值，进而拟合出最优模型，最终通过输出层输出目标要素预测结果。

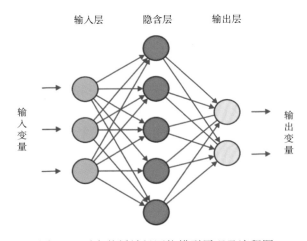

图 2-3　反向传播神经网络模型原理及流程图

（三）支持向量机

支持向量机最初在 20 世纪 60 年代由 Vapnik 提出[186]，支持向量机（support vector machine, SVM）是一类按监督学习方式对数据进行二元分类的广义线性分类器[187]。其学习的基本思想是求解能够正确划分训练数据集且几何间隔最大的分离超平面。其原理如图 2-4 所示，W 即为所求的分离超平面。对于线性可分的数据集来说，W 这样的超平面有无穷多个，但是几何间隔最大的分离超平面却是唯一的[188]。

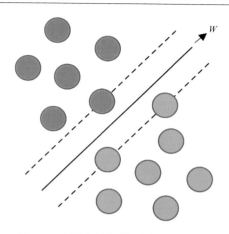

图 2-4　支持向量机模型原理和流程图

三、自适应时空自相关机器学习算法

自适应时空自相关机器学习算法可总体概括成四步。第一步构建自适应时空自相关变量。首先根据像元及其相邻气象站点之间的高程差异和距离差异来获取自适应权重[图 2-5（a）]。第二步逐像元构建时空自相关变量。这一步包括构造时间自相关变量（T-T2M）、空间自相关变量（S-T2M）及地理距离变量（DIS）[图 2-5（b）]。第三步构建训练及预测数据集，包括观测到的地表气温（SAT）数据，地表温度（LST）数据、归一化植被指数（NDVI）数据、数字高程（DEM）数据、地表反照率（Albedo）数据、夜间灯光（NL）数据以及前两步构建的自适应时空自相关变量[图 2-5（c）]。用于训练的机器学习模型包括 RF、BPNN 及 SVM。其中未包含自适应时空自相关变量的机器学习模型分别命名为 Ori-RF、Ori-BPNN、Ori-SVM，包含自适应时空自相关变量的机器学习模型分别命名为 Geoi-RF、Geoi-BPNN、Geoi-SVM。最后一步是数据集的输出，输出数据为本书中重建的千米网格尺度地表气温数据集，包括平均气温、最高气温及最低气温[图 2-5（d）]。

输入数据包括站点数据（Observed SAT）、高程数据（DEM）、归一化植被指数（NDVI）、地表温度（LST）、地表反照率（Albedo）、空间自相关变量（S-T2M）和时间自相关变量（T-T2M）。训练和预测的方法有随机森林（RF）、反向传播神经网络（BPNN）和支持向量机（SVM）。输出数据为气温值（SAT）。

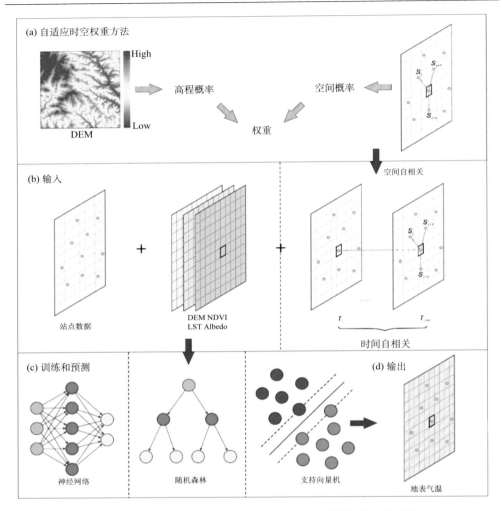

图 2-5　基于地理智能机器学习算法进行气温预估的分析流程图

（一）构建时空自相关变量

为了进一步提高传统机器学习模型的精度，本书采用 Li 等[189]提出的地理智能自相关方法（geo-intelligent approach）对 RF、BPNN、SVM 等机器学习模型进行改进。其核心思想是通过耦合由气温站点构建的时空自相关信息来提高传统机器学习模型的精度。对于任意预测像元计算某一个时空自相关变量的构建算法如下所示。

（1）空间自相关变量（S-T2M）：

$$S\text{-}T2M = \frac{\sum\limits_{i=1}^{q} ws_i T2M_i}{\sum\limits_{i=1}^{n} ws_i} \qquad ws_i = \frac{1}{ds_i^2} \tag{2-1}$$

（2）时间自相关变量（T-T2M）：

$$T\text{-}T2M = \frac{\sum\limits_{j=1}^{p} ws_j T2M_j}{\sum\limits_{j=1}^{p} wt_j} \qquad wt_j = \frac{1}{dt_j^2} \tag{2-2}$$

（3）地理距离变量（DIS）：

$$DIS = \min\left(\frac{1}{ds_i}\right) \quad i=1,2,3,\cdots,q \tag{2-3}$$

式中，ds、dt 分别表示空间和时间距离；p 和 q 分别为 3 和 10；地理距离（DIS）用于表征站点分布的空间异质性；i 和 j 分别表示在空间上靠近该像素的第 i 个观测站和该像元之前第 j 天的值。

（二）厘定自适应时空权重

为了解决时空自相关算法在地表起伏过大及站点稀疏地区适应性较差的问题，参考付文轩等[190]提出的方法，本书采用阈值的方法对像元算法类别进行判别，转化为采用时空自相关方法和不采用时空自相关方法。当这个时空自相关概率大于阈值的时候，认为该像元采用时空自相关方法，反之不采用。由于该概率的可行域为[0,1]，且只分为两类，因此，取中间数 0.5 作为判断该像元所属类别的阈值[190]。

$$P_{(m,n)}^{S} = w_{(m,n)} \times P_{(m,n)}^{D} + \left(1 - w_{(m,n)}\right) \times P_{(m,n)}^{H} \tag{2-4}$$

式中，m、n 为该像元的行列号；$P_{(m,n)}^{S}$ 为所求像元采用时空自相关方法的权重概率；$P_{(m,n)}^{D}$ 是采用距离信息计算得到的空间概率；$P_{(m,n)}^{H}$ 是利用高程信息计算得到的高程概率；$w_{(m,n)}$ 是归一化过程中 $P_{(m,n)}^{D}$ 的权重。下面依次介绍 $P_{(m,n)}^{D}$、$P_{(m,n)}^{H}$ 和 $w_{(m,n)}$ 的计算方法。

$P_{(m,n)}^{D}$ 是根据离像元站点距离获取的距离概率，通过计算距离像元最近站点的距离值的倒数来获得。ds_{min} 为像元与离像元最近站点的距离，单位为 m。

$$P_{(m,n)}^{\mathrm{D}} = \frac{1}{\mathrm{ds}_{\min}} \qquad (2\text{-}5)$$

$P_{(m,n)}^{\mathrm{H}}$ 是根据像元与离像元站点最近点的高程差获取的高程概率，通过计算距离像元最近站点的高程差的倒数来获得。$\mathrm{dh}_{\min}$ 为离像元最近站点的高程差，单位为 m。

$$P_{(m,n)}^{\mathrm{H}} = \frac{1}{\mathrm{dh}_{\min}} \qquad (2\text{-}6)$$

$$\mathrm{dh}_{\min} = \min\left| h(m,n) - h(x,y)^t \right| \left(t = 1,2,3,\cdots,10 \right) \qquad (2\text{-}7)$$

式中，$h(m,n)$ 表示行数和列数分别为 m 和 n 的像素的高度；$h(x,y)^t$ 表示附近的气象站点的海拔，行数和列数为 x 和 y；t 表示第 t 个观测站。为了自动平衡 $P_{(m,n)}^{\mathrm{D}}$ 和 $P_{(m,n)}^{\mathrm{H}}$ 的贡献大小，本书采用一种自适应计算权重 $w_{(m,n)}$ 的方法[191]，下面将会介绍如何求解权重 $w_{(m,n)}$。

分析式（2-4）可知，如果要将像元判断为不采用时空自相关的像元，则 $P_{(m,n)}^{\mathrm{S}} \leqslant 0.5$，即

$$\left(P_{(m,n)}^{\mathrm{D}} - P_{(m,n)}^{\mathrm{H}} \right) \times w_{(m,n)} + P_{(m,n)}^{\mathrm{H}} \leqslant 0.5 \qquad (2\text{-}8)$$

对于同一天的气温数据，假设在同一种情况下，采用时空自相关和不采用时空自相关的像元权重具有相同的 $w_{(m,n)}$，设为 w_H。鉴于此，求解采用时空自相关区的最优权值等价于求解不采用时空自相关区的最优权值。由于 w_H 为定值，采用枚举法来求解其最优值。具体求解过程如下所述：首先，采用上述方法分别计算出距离概率和高程概率 $P_{(m,n)}^{\mathrm{D}}$ 和 $P_{(m,n)}^{\mathrm{H}}$；然后，在 w_H 的可行域[0,1]内以一定的步长（经验值设为 0.01）进行变化，根据式（2-8）得到每个 w_H 在不采用时空自相关区像元中重分类结果，并统计重分类正确率，正确率最高的 w_H 即为所求。

四、模型精度评估方法

（一）十折交叉验证

为评估应用在本书中不同种类机器学习算法的优劣，本书选择了机器学习领域常被用来测试算法准确性及稳定性的验证方法——十折交叉验证法来进行模型精度验证。其具体流程如图 2-6 所示。十折交叉验证过程首先将训练数据总体划分成 10 份，并依次轮流抽取数据集中的 9 份作为训练数据集（灰色），剩余的 1

份作为测试数据集（蓝色），该部分进行 10 次试验。为了进一步降低交叉验证的偶然性，研究对每一个模型训练和预测阶段的结果均进行了十折交叉验证，且进行了 10 次交叉验证。其误差评价指标 E 第 i 次的验证过程就是取第 i 次的数据划分中的验证数据进行预测模型的性能评价，得到第 i 次交叉验证的评价指标 E_i 值，其中 E_i 包括平均绝对误差（MAE）、均方根误差（RMSE）、检验决定系数（R^2）、误差比例（PRE）。

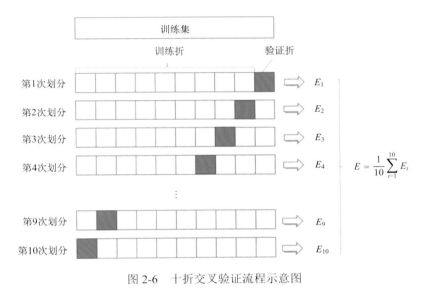

图 2-6　十折交叉验证流程示意图

（二）模型性能评估指标

任何模型的验证都需要通过多种方法，从全方位多角度进行性能评估后才能有效应用于实际。在机器学习领域，较为常见的模型性能评估指标包括：平均绝对误差（MAE）、平均绝对误差百分比（PRE）、决定系数（R^2）、均方根误差（RMSE）、标准差（SD）、均方误差（MSE）。为了更加全面、客观、准确地评估 6 种模型对地表气温的模拟效果，本书将上述指标均纳入了对模型的评估体系中，综合对所构建的模型进行对比及研判，各评估指标的具体计算公式如下所示。

（1）平均绝对误差（MAE）：

$$\text{MAE}(y, \hat{y}) = \frac{1}{n} \sum_{i=1}^{n} |y_i - \hat{y}_i| \tag{2-9}$$

（2）平均绝对误差百分比（PRE）：

$$PRE(y, \hat{y}) = \frac{1}{n} \sum_{i=1}^{n} \frac{|y_i - \hat{y}_i|}{|y_i|} \times 100\% \qquad (2\text{-}10)$$

（3）决定系数（R^2）：

$$R^2 = \frac{\sum_{i=1}^{n}(\hat{y}_i - \overline{y})^2}{\sum_{i=1}^{n}(y_i - \overline{y})^2} \qquad (2\text{-}11)$$

（4）均方根误差（RMSE）：

$$RMSE = \sqrt{\frac{1}{n} \sum_{i=1}^{n}(y_i - \hat{y}_i)^2} \qquad (2\text{-}12)$$

（5）标准差（SD）：

$$SD = \sqrt{\frac{1}{n} \sum_{i=1}^{n}(y_i - \overline{y})^2} \qquad (2\text{-}13)$$

（6）均方误差（MSE）：

$$MSE = \frac{1}{n} \sum_{i=1}^{n}(y_i - \hat{y}_i)^2 \qquad (2\text{-}14)$$

式中，i 为第 i 个验证站点；y 为地表气温的观测值；$\hat{y}$ 为地表气温的预测值，$\overline{y}$ 为地表气温预测值的平均值；n 为参与验证的样本数量。

（三）Tukey 检验法

Tukey 检验法是由 J. W.图凯（Tukey）在 1953 年提出的一种算法，该算法能够将不同对平均值同时进行比较，目前该方法已被广泛使用在多个科学领域，也被称之为 "HSD 检验法"[192]。

在使用 Tukey 检验法时，仅需计算 HSD 值，就能够完成各对平均值的比较。HSD 值的算法如下式：

$$HSD = q_{\alpha,k,n-k} \sqrt{\frac{MSE}{n_j}} q_{\alpha,k,n-k} \sqrt{\frac{MSE}{n_j}} \qquad (2\text{-}15)$$

式中，n 为每个样本的样本容量；k 为参与比较的组数；α 为检验的显著性水平；q 值由 α 及误差自由度 n–k 决定，可以通过查 q 临界值表得出。任何两组数据的平均值只要大于 HSD 值，就表明这两组数据的平均值之间具有显著的差异。

五、甄选训练变量

由于模型参数的选择对最终模型效果及表现有着非常重要的影响，为了筛选出训练模型较好的变量，本书对输入参数进行了相关性分析。输入参数包括经度（longitude）、纬度（latitude）、夜间灯光（NL）数据、归一化植被指数（NDVI）、地表反照率（Albedo）、地表温度（LST）、地表站点 2m 观测气温（T2M）、空间自相关变量（S-T2M）、时间自相关变量（T-T2M）以及自相关距离参数（DIS）。相关性分析结果如图 2-7 所示。从图中我们可以看出，空间自相关变量（S-T2M）和时间自相关变量（T-T2M）与站点的气温观测值有着最高的相关性，均为 0.99，这说明时空自相关因子是反演精细化地表气温的一个重要的估计变量。此外，LST、Albedo 与 NDVI 均与 T2M 有着较为显著的相关性，而与经度和夜间灯光数据的相关性最低，分别为–0.09 和 0.11。这些与站点测量值相关性高的属性在之

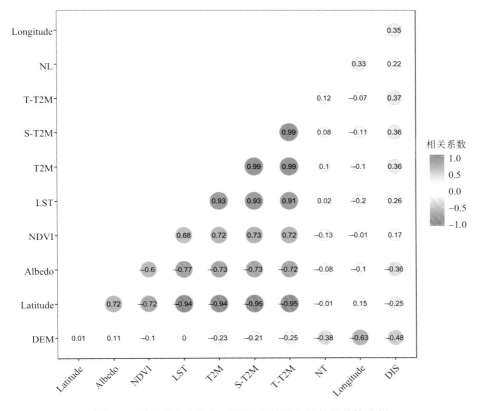

图 2-7　模型输入参数与观测地表气温之间的相关性分析

后的模型训练中会占有更高的权重，而相关性低的属性则会占有较低的权重。其中由于 NL 与 T2M 的相关性太低，加入训练后反而使模型的效率降低，故最终训练模型时并未将 NL 作为训练变量。

第二节　中国千米网格的平均气温反演

一、平均气温交叉验证结果

为了评估本书构建的 6 种机器学习模型的总体表现情况，本节首先采用了十折交叉验证的方法，在总体和时间两个维度上，将纳入自适应时空自相关变量的 Geoi-SVM、Geoi-BPNN、Geoi-RF 模型与原始机器学习模型 Ori-SVM、Ori-BPNN、Ori-RF 对 T_{avg} 的模拟效果进行了比较（表 2-1、图 2-8、图 2-9）。

从总体上看（表 2-1），6 种模型的训练及验证结果均表现较好，训练模型及预测模型对 T_{avg} 模拟的决定系数（R^2）分别为 0.968～0.996 及 0.906～0.996，均方根误差（RMSE）分别为 0.369～1.025K 及 0.367～1.708K，平均绝对误差（MAE）分别为 0.221～0.747K 及 0.221～0.926K。其中 Geoi-RF 模型表现最好，RMSE、MAE、PRE 均最低，其中 RMSE 和 MAE 均低于 0.4K，相较于本书中涉及的其他机器学习模型的 RMSE 和 MAE 最多可减少一个数量级。

表 2-1　气温预估模型总体交叉检验结果（平均气温）

模型	训练模型的交叉检验				预测模型的交叉检验			
	R^2	RMSE/K	MAE/K	PRE/%	R^2	RMSE/K	MAE/K	PRE/%
Ori-SVM	0.994	0.462	0.414	4.284	0.926	1.467	0.864	12.340
Ori-BPNN	0.968	1.025	0.747	9.315	0.964	1.071	0.768	9.723
Ori-RF	0.994	0.460	0.304	4.089	0.994	0.459	0.304	4.081
Geoi-SVM	0.995	0.450	0.399	4.167	0.906	1.708	0.926	14.488
Geoi-BPNN	0.983	0.724	0.482	6.364	0.981	0.774	0.505	6.809
Geoi-RF	0.996	0.369	0.221	3.173	0.996	0.367	0.221	3.151

注：若预测模型的交叉检验结果优于训练模型或与训练模型相差不大，则表示该模型的稳定性相对较强，未表现出显著的过拟合现象。

T_{avg} 预测模型的模型效率相较于训练模型多为降低状态。但不同的模型效率降低程度有明显差异。其中 Geoi-RF 及 Ori-RF 模型均较为稳定，各个效率参数在训练阶段及预测阶段均无明显的变化。BPNN 预测模型效率相较于训练模型稍有降低，Geoi-BPNN 与 Ori-BPNN 预测模型相较于训练模型 RMSE 分别提高了 0.050K 和 0.046K，MAE 分别提高了 0.023K 和 0.021K，PRE 分别提高了 0.445 个百分点和 0.408

个百分点。

　　稳定性最差的模型为 SVM，其验证模型效率对 T_{avg} 的模拟效果相较于训练模型有着显著的下降。具体表现为 Geoi-SVM 与 Ori-SVM 的 R^2 分别降低 8.945%和 6.841%，RMSE 分别提高了 1.258K 和 1.005K，MAE 分别提高了 0.527K 和 0.450K，PRE 分别提高了 10.321 个百分点和 8.056 个百分点，由此看出 SVM 存在较为明显的过拟合现象，不是一个较为理想的估计 T_{avg} 的模型。

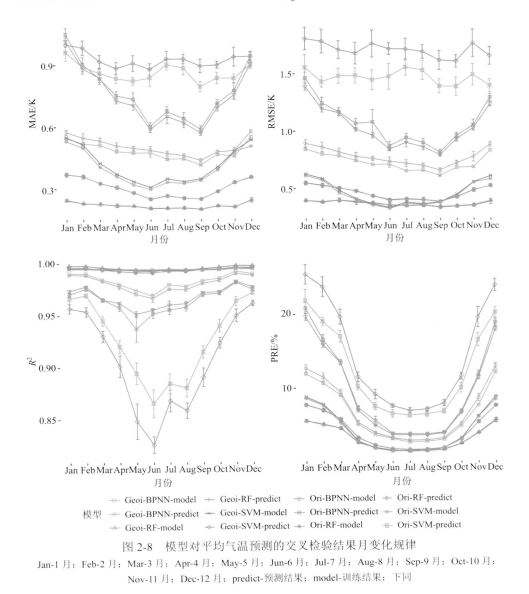

图 2-8　模型对平均气温预测的交叉检验结果月变化规律

Jan-1 月；Feb-2 月；Mar-3 月；Apr-4 月；May-5 月；Jun-6 月；Jul-7 月；Aug-8 月；Sep-9 月；Oct-10 月；

Nov-11 月；Dec-12 月；predict-预测结果；model-训练结果；下同

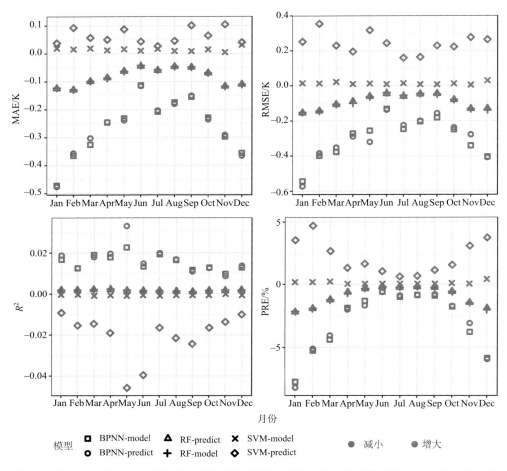

图 2-9　耦合自适应时空自相关的地理智能机器学习模型与传统机器学习模型对平均气温模拟精度对比

此外，从交叉验证结果月变化结果（图 2-8）来看，不同模型的效率及稳定性在年内有着较为显著的差异。Geoi-RF 与 Ori-RF 的模型对 T_{avg} 的总体预估效果表现最好，R^2 均高于 0.982，模型误差参数（MAE、RMSE、PRE）远低于其他 4 个模型且年内波动较小。此外，耦合了时空自相关后的 RF 模型在对 T_{avg} 的预估精度上虽有提升，但不是十分显著（图 2-9），这主要是由于 Ori-RF 对 T_{avg} 的模拟效果已经相对较好，故自适应时空自相关算法对该算法在总体上的改进空间相对较小。而 Geoi-BPNN 相较于其对应原始模型 Ori-BPNN 对 T_{avg} 的预估效率有着较为显著的提升。各模型效率在年内均呈现暖季优于冷季的总体规律，这反映出各机器学习模型对低温的模拟效果相对较差。

RF、BPNN 与时空自相关耦合效果相对较佳。尽管 Geoi-SVM 预测模型的模型效率相较于 Ori-SVM 有微弱的提高，但是其验证模型精度显著降低。这说明 SVM 和自适应时空自相关算法的耦合并没有提升对 T_{avg} 的预估精度。以上结果表明，尽管自适应时空自相关算法能够有效提高部分机器学习模型（如 RF 及 BPNN）的模拟精度，但并非能够提升每一种机器学习模型的模型效果，所以在选择自耦合适应时空自相关算法来提高模型对 T_{avg} 模拟精度时应该考虑验证两者之间的耦合效果是否理想。

二、平均气温模型总体效率评估

为检验不同模型间效率差异的显著性，选用 Tukey 检验法来对比不同模型的效率参数。图 2-10 对比了 7 种模型对 T_{avg} 估计结果的平均绝对误差（MAE）、均方根误差（RMSE）、标准差（SD）和决定系数（R^2）。从图中可以看出，尽管 Ori-CART 对 T_{avg} 估计结果的模型效率已经较高，其 MAE、RMSE、SD 均在 2K 以内，R^2 达到 0.89。但是本书构建的 6 个模型的效率参数与之相比仍显现出明显的优势。Ori-CART 对 T_{avg} 估计结果的 MAE 为 Geoi-RF、Geoi-BPNN、Geoi-SVM、Ori-RF、Ori-BPNN、Ori-SVM 的 6.96、4.17、1.92、3.10、1.79、2.39 倍。Ori-CART 对 T_{avg} 估计结果的 RMSE 为 Geoi-RF、Geoi-BPNN、Geoi-SVM、Ori-RF、Ori-BPNN、Ori-SVM 的 5.71、3.62、1.34、2.83、1.81、2.25 倍。Ori-CART 对 T_{avg} 估计结果的 SD 为 Geoi-RF、Geoi-BPNN、Geoi-SVM、Ori-RF、Ori-BPNN、Ori-SVM 的 5.46、3.45、1.27、2.68、1.71、2.13 倍。融合多源遥感数据的 Ori-RF、Ori-BPNN、Ori-SVM 对 T_{avg} 估计结果的 MAE、RMSE、SD 均在 1K 以内，R^2 达到 0.95 以上。在此基础上，通过耦合自适应时空自相关算法改进的 Geoi-RF、Geoi-BPNN 发挥出融合多源数据的优势，并通过纳入三维时空地理属性对模型中缺失信息进行补充，使模型对 T_{avg} 的预估准确性进一步提升，将 MAE、RMSE、SD 均控制在 0.5K 以内，R^2 达到 0.99。

以上结果表明，通过融合多源数据及耦合自适应时空自相关算法能够显著提高模型效率。但自适应时空自相关算法与不同机器学习模型的耦合有着显著精度差异性，其并不能提高每一种机器学习模型的模拟精度。相反，对于某一些机器学习模型，比如 SVM 模型，耦合自适应时空自相关算法后，反而使原始机器学习模型对 T_{avg} 的预估精度呈现显著的下降。

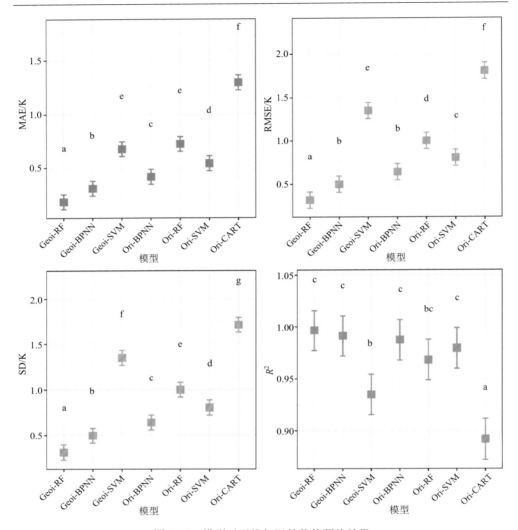

图 2-10　模型对平均气温的整体预估效果

其中 Ori-CART 为荆文龙等提供的月平均地表温度数据集[143]。模型比较结果包括平均绝对误差（MAE）、均方根误差（RMSE）、标准差（SD）和决定系数（R^2）。图内的字母相同代表在 5%的级别下无显著性差异，不同代表在 5%的级别下有显著性差异

三、平均气温模型准确性评估

图 2-11 及图 2-12 分别显示了 2003～2012 年不同月份 7 种模型对 T_{avg} 预估结果的误差（error=预测值-实际值）分布频率直方图及密度图。不难看出，Geoi-RF 逐月对 T_{avg} 估计结果的预报误差均显著低于其他模型，这与上一节的研究结果一

致。此外，为了量化、对比自主构建的 6 种模型误差的总体及时空分布，验证基于自适应时空自相关及多源数据融合的机器学习算法的优势，本书选择预报误差的绝对值小于 0.5K 及 1.5K 的频数占总频数的百分比分别作为地表气温预报精准

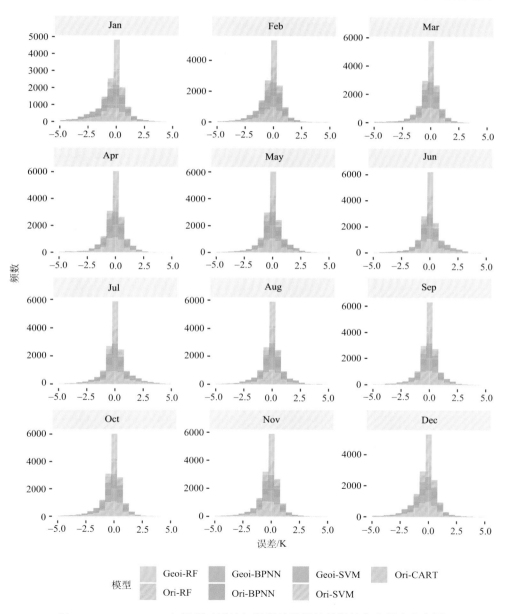

图 2-11　2003～2012 年模型对平均气温预估结果的月误差分布频率直方图

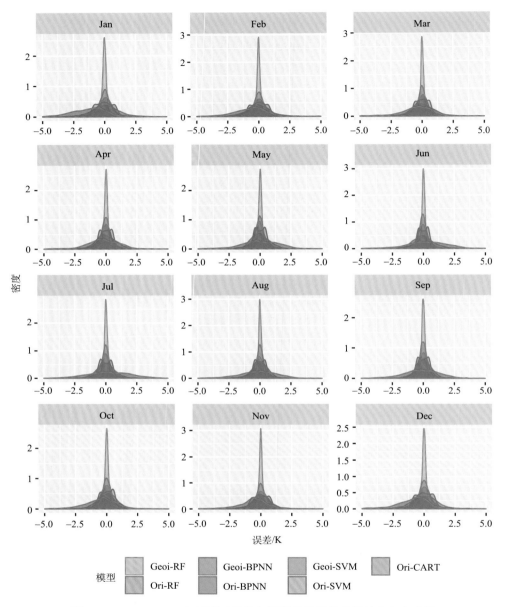

图 2-12　2003～2012 年模型对平均气温预估结果的月误差分布密度图

率及准确率（分别记为 A0.5 及 A1.5），由此来估算模型的整体效果。Geoi-RF、Ori-RF、Geoi-BPNN、Ori-BPNN、Geoi-SVM、Ori-SVM 对 T_{avg} 估计结果的全年平均精准率分别为 91.82%、73.01%、83.00%、47.17%、63.21%、59.70%。相较

于 CART 模型，上述模型的全年平均精准率分别提高了 63.17、44.36、54.35、18.51、34.56、31.05 个百分点。此外，Geoi-RF 相较于 Ori-RF 对 T_{avg} 估计结果的精准率提高了 18.82 个百分点。Geoi-BPNN 相较于 Ori-BPNN 精准率提高了 35.84 个百分点。由此说明多源遥感数据的融合以及自适应时空自相关算法的纳入均能够有效提高模型对 T_{avg} 模拟的精准性，其中耦合自适应时空自相关算法对 RF 及 BPNN 模型提高对 T_{avg} 预估精准度最为有效。此外，在自主构建的 6 个模型中，Geoi-RF 对 T_{avg} 预估的精准率相较于其他模型，在各月份中均保持最高，A0.5 绝大多数在 90%以上（表 2-2）。

表 2-2　不同模型对平均气温预估结果的精准率月变化规律　　（单位：%）

月份	Geoi-RF	Ori-RF	Geoi-BPNN	Ori-BPNN	Geoi-SVM	Ori-SVM
1	92.49	64.82	36.96	23.21	53.71	45.33
2	92.28	66.67	41.50	31.19	55.64	48.59
3	89.91	70.73	43.05	32.12	62.88	56.12
4	90.66	73.38	45.48	30.56	65.20	60.05
5	90.20	75.52	49.09	25.35	68.18	72.50
6	91.82	81.21	46.67	25.58	69.70	74.33
7	92.28	77.02	53.29	23.11	66.89	66.58
8	91.52	77.47	54.90	27.61	65.46	70.67
9	92.24	78.52	58.02	26.50	67.97	70.11
10	92.75	73.05	47.12	33.30	63.43	53.05
11	93.50	68.13	51.17	33.56	58.20	49.96
12	92.41	66.68	37.95	31.38	58.47	46.34

同样，Geoi-RF、Ori-RF、Geoi-BPNN、Ori-BPNN、Geoi-SVM、Ori-SVM 对 T_{avg} 估计结果的全年平均准确率分别为 99.40%、96.24%、97.98%、89.55%、91.01%、95.91%，相较于 CART 模型分别提高了 30.25、27.09、28.84、20.40、21.87、26.77 个百分点。Geoi-RF 对 T_{avg} 估计结果相较于 Ori-RF，准确率提高了 3.16 个百分点，Geoi-BPNN 对 T_{avg} 估计结果相较于 Ori-BPNN 准确率提高了 8.43 个百分点，但 Geoi-SVM 相较于 Ori-SVM 对 T_{avg} 估计结果的准确率降低了 4.90 个百分点。以上结果表明，虽然自适应时空自相关算法能够在一定程度上提高对于 T_{avg} 的预测结果，但其与不同机器学习耦合效果仍有差异，需要通过对比实验来选择最佳预估模型。

精准率虽然在一定程度上可以用来判断模型的效率，但并不能够刻画不同模型在中国的整体适应性。为了进一步评估各模型在中国的整体适应性，图 2-13 分别展示了 7 种模型对中国 T_{avg} 预估误差的四季分布图。图 2-13 显示对 T_{avg} 估计结

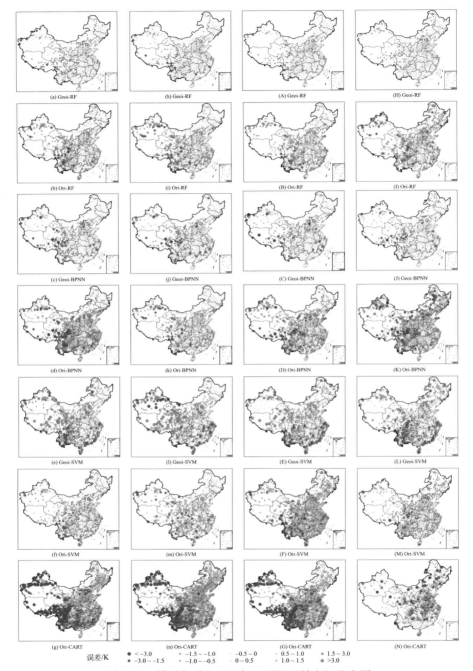

图 2-13 模型各季节平均气温预测误差空间分布图

（a）～（g），（h）～（n），（A）～（G），（H）～（N）分别代表春、夏、秋、冬四季 7 个模型误差的空间分布图。其中春季定义为 3～5 月；夏季定义为 6～8 月；秋季定义为 9～11 月；冬季定义为 12、1、2 月

果的误差总体上呈现东南低西北高的特征，这是由于中国西部地区的气象站分布较为稀疏，而实测数据又是模型率定与校准的重要数据源，故相较于气象站分布较为密集的中国东部地区，其误差相对较大。相较于 CART 模型，6 种模型对 T_{avg} 预测结果的预估精度均有一定的提高，但 6 种模型在空间上的表现仍有较为显著的差异。Geoi-RF 与 Geoi-BPNN 与未通过多源遥感数据训练且未融合自适应时空自相关变量的 CART 模型相比，极大地降低了模型对 T_{avg} 预测结果的误差。此外，融合多源遥感数据及耦合自适应时空自相关算法的 RF 及 BPNN 模型对 CART 在中国华北地区的高估以及西南地区的低估情况均具有较为显著的纠偏作用，将预测误差控制在 0.5K 之内。Geoi-RF 相较于 Geoi-BPNN，在实测站点较少的青藏高原地区的误差较小，在四季中这种优势始终保持。综合之前的模型总体验证结果，Geoi-RF 是本书中涉及的 6 种模型中预估 T_{avg} 最优的模型。此外，耦合自适应时空自相关能够显著提高 Ori-RF 与 Ori-BPNN 对全国精细化尺度 T_{avg} 的预估精度。但耦合了自适应时空自相关算法的 SVM 模型（Geoi-SVM）相较于 Ori-SVM，反而使西部地区及沿海地区平均气温的预测误差增大。

为进一步探究各种机器学习算法在不同土地利用类型下的适应性，图 2-14、表 2-3 将 7 种模型实测平均气温值与估计平均气温值进行了线性拟合，并列出了拟合结果中重要的评估参数。从整体上看，所有模型都能够较好地估计不同土地利用类型下的平均气温值，所有模型在不同土地利用类型下的 R^2 都高于 0.95，其

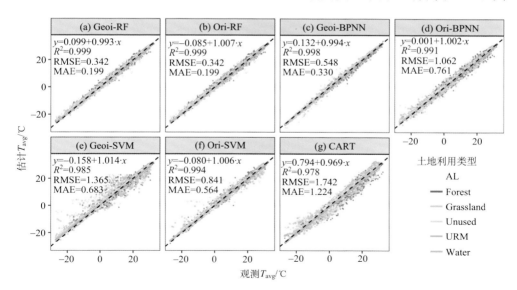

图 2-14　不同土地利用类型下模型观测平均气温值与估计平均气温值对比

AL: 农田；Forest: 森林；Grassland: 草地；Unused: 未利用地；URM: 城市、乡村和工矿用地；Water: 水体；下同

表 2-3　不同土地利用类型下模型对平均气温预估结果与观测平均气温的线性拟合参数

模型	土地利用类型	拟合方程	R^2
Geoi-BPNN	Forest	$y=0.339+0.994x$	0.995
Geoi-BPNN	URM	$y=0.058+0.995x$	0.999
Geoi-BPNN	AL	$y=0.058+0.998x$	0.998
Geoi-BPNN	Grassland	$y=0.381+0.986x$	0.993
Geoi-BPNN	Unused	$y=0.258+0.975x$	0.993
Geoi-BPNN	Water	$y=0.152+0.993x$	0.998
Ori-BPNN	Forest	$y=0.153+0.997x$	0.982
Ori-BPNN	URM	$y=1.001x$	0.993
Ori-BPNN	AL	$y=-0.029+1.001x$	0.992
Ori-BPNN	Grassland	$y=-0.003+1.003x$	0.982
Ori-BPNN	Unused	$y=-0.065+1.002x$	0.986
Ori-BPNN	Water	$y=0.074+1.01x$	0.993
Geoi-SVM	Forest	$y=0.038+1.009x$	0.976
Geoi-SVM	URM	$y=-0.088+1.015x$	0.989
Geoi-SVM	AL	$y=-0.017+1.009x$	0.995
Geoi-SVM	Grassland	$y=-0.745+1.01x$	0.951
Geoi-SVM	Unused	$y=-0.924+1.015x$	0.965
Geoi-SVM	Water	$y=-0.356+1.024x$	0.965
Ori-SVM	Forest	$y=-0.119+1.006x$	0.991
Ori-SVM	URM	$y=-0.076+1.007x$	0.995
Ori-SVM	AL	$y=-0.004+1.001x$	0.996
Ori-SVM	Grassland	$y=-0.22+1.011x$	0.990
Ori-SVM	Unused	$y=-0.368+1.011x$	0.995
Ori-SVM	Water	$y=-0.151+1.016x$	0.985
Geoi-RF	Forest	$y=0.179+0.996x$	0.998
Geoi-RF	URM	$y=0.071+0.996x$	0.999
Geoi-RF	AL	$y=0.057+0.997x$	0.999
Geoi-RF	Grassland	$y=0.244+0.994x$	0.997
Geoi-RF	Unused	$y=0.174+0.987x$	0.998
Geoi-RF	Water	$y=0.043+0.997x$	0.999
Ori-RF	Forest	$y=-0.225+1.014x$	0.993
Ori-RF	URM	$y=-0.034+1.004x$	0.998
Ori-RF	AL	$y=-0.009+1.003x$	0.997
Ori-RF	Grassland	$y=-0.362+1.021x$	0.993
Ori-RF	Unused	$y=-0.211+1.012x$	0.994

续表

模型	土地利用类型	拟合方程	R^2
Ori-RF	Water	$y=-0.099+1.013x$	0.996
Ori-CART	Forest	$y=1.29+0.974x$	0.965
Ori-CART	URM	$y=0.611+0.965x$	0.983
Ori-CART	AL	$y=0.687+0.978x$	0.979
Ori-CART	Grassland	$y=1.311+0.96x$	0.962
Ori-CART	Unused	$y=0.717+0.98x$	0.965
Ori-CART	Water	$y=0.682+0.978x$	0.984

他 1%～5%的差异可能是来源于许多潜在因素的影响，如下垫面特征、风速、云和人为热的影响[155,189,193]。但 Geoi-SVM 与 CART 相较于其他模型表现较差，这两种模型相较于其他模型的 R^2 降低了 1%～4%，且点分布距离 1∶1 线较为分散。此外，可以看出 CART 模型对于低温的模拟精度不佳。综上所述，融合自适应时空自相关的 BPNN 模型通过考虑地理相关性，补充不同栅格时间和空间上潜在关系，进而使模型对低温的模拟得到改善，对低温的模拟精度提高。

四、中国平均气温空间分布

图 2-15～图 2-18 展示了中国四季实测平均气温值与 7 种模型的平均气温估计值的空间分布对比图。从总体上看，7 种模型在站点较为密集的中国东部地区均对 T_{avg} 有着较为精准的估计，四季的 T_{avg} 均呈现从东南沿海向内陆气温逐渐递减的趋势，这是由于受到纬度因素的影响。但对于站点较为稀疏的青藏高原地区以及地形起伏度较大的地区，不同的模型模拟精度存在显著的差异。

春季，7 种模型大体上均能概化出中国平均气温的空间分布规律，但是由于 SVM 本身的算法对于平均气温估计的适应性较差，导致 Geoi-SVM、Ori-SVM 相较于其他模型对于 T_{avg} 的估测偏高，这与上节的研究结果一致。而在四川地区，纳入自适应时空自相关变量的 Geoi-RF 及 Geoi-BPNN 模型相较于传统机器学习模型能够更准确估计出该区的高温值，捕捉到其他模型难以捕捉到的高温信息，这说明耦合了自适应时空自相关变量的 RF 及 BPNN 能够有效地协助传统机器学习模型提高区域较高 T_{avg} 的模拟精度。

夏季至冬季，7 种模型在中国东部地区的模拟效果基本一致，均接近于实测 T_{avg} 数据。但在青藏高原地区，不同模型间显现出显著的差异。Geoi-SVM 与 Ori-SVM 相较于其他模型对于 T_{avg} 的估测均偏高。而 Geoi-RF 与 Ori-RF 相较于其

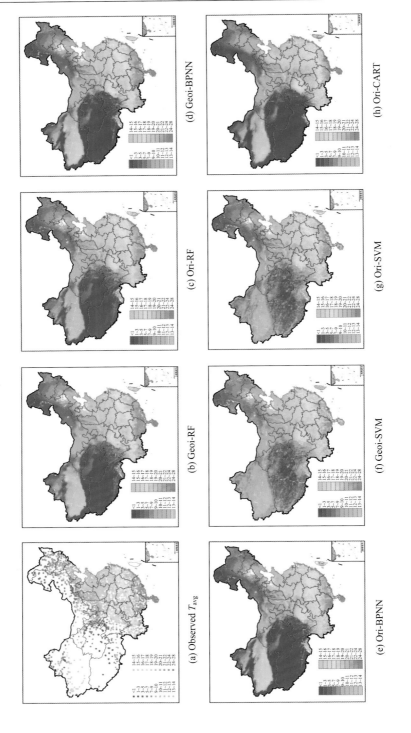

图 2-15　春季实测平均气温值与预测平均气温值空间分布对比图（单位：℃）

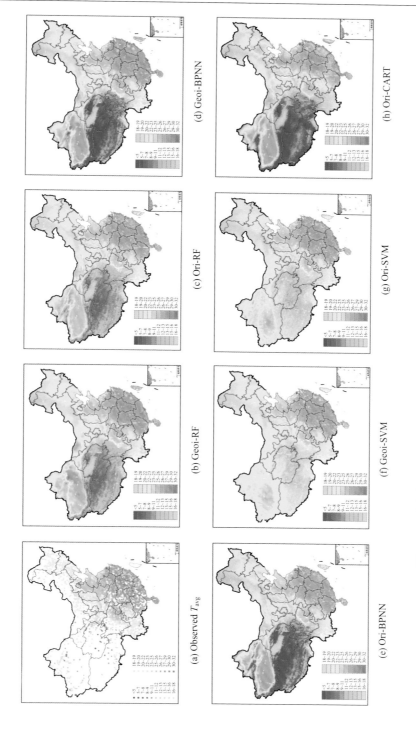

图 2-16　夏季实测平均气温值与预测平均气温值空间分布对比图（单位：℃）

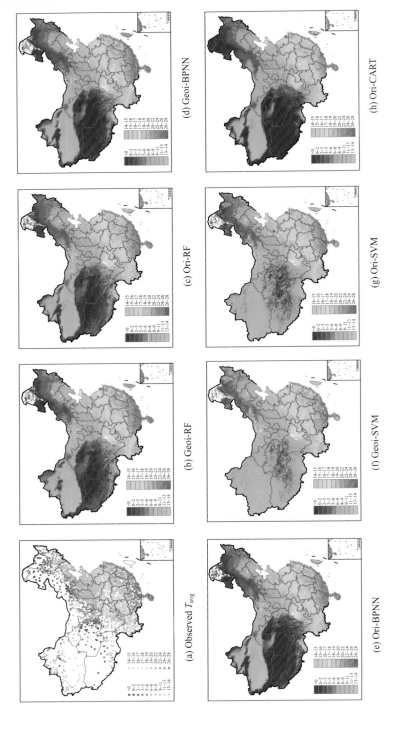

图 2-17　秋季实测平均气温值与预测平均气温值空间分布对比图（单位：℃）

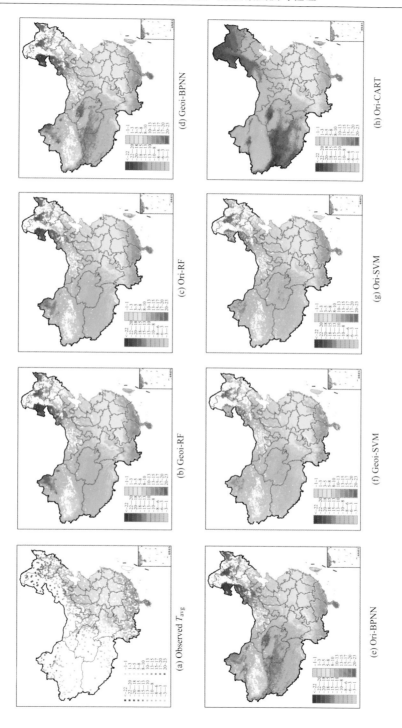

图 2-18　冬季实测平均气温值与预测平均气温值空间分布对比图（单位：℃）

他模型能够刻画出青藏高原区气温分布的更多细节。这也体现出 RF 算法相较于其他算法的优越性。

第三节　中国千米网格尺度最高气温反演

一、最高气温预测交叉验证结果

运用十折交叉验证方法综合评估 6 种机器学习模型对 T_{max} 的预估结果在总体和时间尺度上的准确性及稳定性（表 2-4、图 2-19 及图 2-20）。首先，从总体的评估结果来看（表 2-4），6 种模型对最高气温的预测结果在训练及验证阶段均有较为良好的表现。从决定系数（R^2）来看，除了 Geoi-SVM 的验证阶段 R^2 低于 0.9以外，其余模型训练阶段及验证阶段的 R^2 分别为 0.951（Ori-BPNN）～0.994（Ori-SVM、Geoi-SVM）及 0.901（Ori-SVM）～0.991（Geoi-RF），这表明各模型对 T_{max} 的预估状况均较为良好。但在所有的 T_{max} 预估模型中，Geoi-RF 及 Ori-RF的表现最好，R^2 在训练及预测阶段均高于 0.99。

从均方根误差（RMSE）来看，训练阶段及验证阶段各模型对 T_{max} 预测结果的 RMSE 分别为 0.439K（Ori-SVM）～1.097K（Ori-BPNN）及 0.500 K（Ori-RF）～1.777K（Ori-BPNN）。模型训练阶段及验证阶段对 T_{max} 预测结果的平均绝对误差（MAE）分别为 0.299K（Ori-RF）～0.717K（Ori-BPNN）及0.328K（Ori-RF）～1.002K（Geoi-SVM）。模型在训练阶段及验证阶段对 T_{max}预测结果的平均绝对误差百分比（PRE）分别为 3.004%（Ori-SVM）～6.894%（Ori-BPNN）及 3.163%（Geoi-RF）～10.977%（Geoi-SVM）。其中 Geoi-RF模型表现最好，对 T_{max} 预测结果的 RMSE、MAE、PRE 均最低，其中 RMSE和 MAE 均低于 0.5K，相较于其他研究中的机器学习模型的 RMSE 和 MAE 最多减少了一个数量级。

此外，从训练阶段与验证阶段的验证结果来看，相较于训练模型，验证模型的模型效率多呈现降低状态，但不同的模型降低程度有明显差异。其中Geoi-RF 及 Ori-RF 模型均较为稳定，各个效率评估参数均无明显变化。稳定性最差的模型为 SVM，其验证模型效率相较于训练模型有着显著的下降。具体表现为 Geoi-SVM 与 Ori-SVM 的 R^2 降低了 11.972%、9.356%，RMSE 分别提高了1.334K、1.098K，MAE 分别提高了 0.602K、0.521K，PRE 分别提高了 7.954 个百分点、6.399 个百分点，由此看出 SVM 存在较为明显的过拟合现象，不是一个较为理想的估计地表最高气温的模型。

为了进一步探讨耦合时空自相关算法机器学习模型是否对最高气温的预测结果有显著改善，本书进一步对比了 3 个耦合了时空自相关的机器学习模型（Geoi-RF、Geoi-BPNN、Geoi-SVM）及与其对应的 3 个传统机器学习模型（Ori-RF、Ori-BPNN、Ori-SVM）对最高气温的模拟情况。Geoi-RF 相较于 Ori-RF，RMSE、MAE、PRE 均为无明显差异。由此表明从全局尺度而言，自适应时空自相关算法并未明显改善 RF 模型对最高气温的预测精度。Geoi-BPNN 相较于 Ori-BPNN 的 RMSE 分别降低了 0.064K 和 0.046K，MAE 分别降低了 0.028K 和 0.024K，PRE 分别降低了 0.372 个百分点和 0.316 个百分点。Geoi-SVM 相较于 Ori-SVM 分别增加了 0.004K 和 0.240K，MAE 分别提高了 0.003K 和 0.084K，PRE 分别提高了 0.019 个百分点和 1.574 个百分点。综上所述，从整体来看自适应时空自相关算法能够明显改善 BPNN 模型对最高气温的模拟效果，但是对于原本预估精度较高的 RF 模型并未展现出明显的改善，而其与 SVM 模型的耦合反而会造成模型的准确性及稳定性降低。

以上总体评估结果虽然在一定程度上可以粗略地评价不同模型对 $T_{\max}$ 估计结果的准确性及稳定性，但是无法直观地反映不同模型在不同月份对最高气温的预测状况。因此，本书通过图 2-19 描述了 6 个模型的 4 个效率评估参数在内各月份的变化趋势。不难看出，不同模型的效率及稳定性在年内有着较为显著的差异。Geoi-RF 与 Ori-RF 对 $T_{\max}$ 总体预估效果最好，年内 R^2 均高于 0.982，模型误差参数（MAE、RMSE、PRE）远低于其他 4 个模型且年内波动较小。尽管 Ori-RF 已经对最高气温有了较好的估计，但耦合了时空自相关算法的 Geoi-RF 仍提高了该模型的准确性（图 2-20）。Ori-BPNN 与自适应时空自相关耦合效果最佳，即自适应时空自相关模型对 BPNN 模型对最高气温的预估精度表现出明显地促进作用，具体表现为 Geoi-BPNN 相较于 Ori-BPNN 在 1～12 月均有明显的提高。在训练阶段，耦合了自适应时空自相关变量的 SVM 模型（Geoi-SVM）的各模型效率参数相较于 Ori-SVM 均无明显的差异。但在验证阶段，Geoi-SVM 的各评估参数均反映出耦合自适应时空自相关变量会导致 Ori-SVM 的准确性降低，且这两种算法耦合的拮抗作用在 1～12 月均明显存在。综上所述，耦合自适应时空自相关算法显著地提高了 BPNN 对最高气温预估的准确性及稳定性，但自适应时空自相关算法在提高机器学习的精度及稳定性方面仍有一定的局限性，可能会导致部分机器学习模型对最高气温的模拟精度及预估稳定性的下降。

表 2-4　气温预估模型总体交叉检验结果（最高气温）

模型	训练模型的交叉检验				预测模型的交叉检验			
	R^2	RMSE/K	MAE/K	PRE/%	R^2	RMSE/K	MAE/K	PRE/%
Ori-SVM	0.994	0.439	0.397	3.004	0.901	1.537	0.918	9.403
Ori-BPNN	0.951	1.097	0.717	6.894	0.939	1.263	0.901	8.207
Ori-RF	0.990	0.505	0.299	3.135	0.991	0.502	0.328	3.172
Geoi-SVM	0.994	0.443	0.400	3.023	0.875	1.777	1.002	10.977
Geoi-BPNN	0.957	1.033	0.689	6.522	0.943	1.217	0.877	7.891
Geoi-RF	0.990	0.508	0.299	3.149	0.991	0.500	0.329	3.163

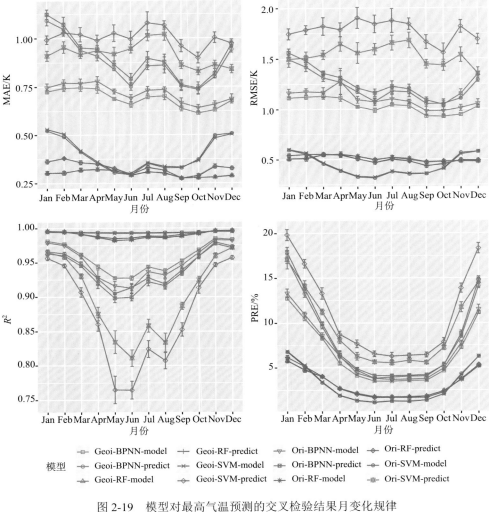

图 2-19　模型对最高气温预测的交叉检验结果月变化规律

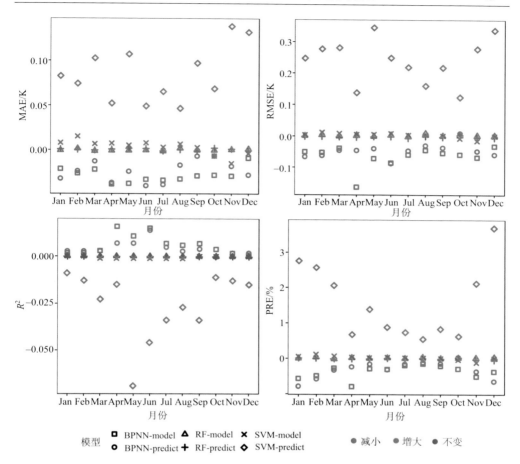

图 2-20 耦合自适应时空自相关的地理智能机器学习模型与传统机器学习模型对最高气温模拟精度对比

二、最高气温预测总体效率评估

为了进一步对比 6 个模型对最高气温的效率差异，同样采用 Tukey 检验法来对比不同模型的效率系数。图 2-21 对比了 6 种模型的平均绝对误差（MAE）、均方根误差（RMSE）、均方误差（MSE）和决定系数（R^2）。由于荆文龙等[143]所生产的数据仅包含了中国的地表平均气温，故本节中仅涉及自主构建的 6 种模型。从 4 组验证参数的表现结果来看，耦合了自适应时空自相关的 Geoi-RF 对 T_{max} 的预测效果相较于其他模型有着较为明显的优势。主要表现在 Geoi-RF 对 T_{max} 估计结果的 MAE 值大小仅为 Ori-RF、Geoi-BPNN、Ori-BPNN、Geoi-SVM、Ori-SVM

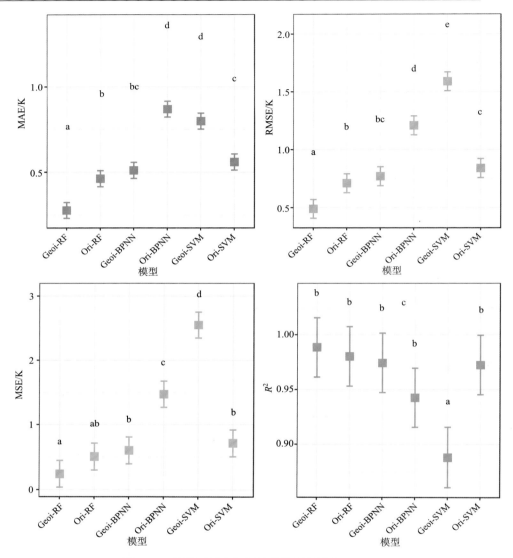

图 2-21　模型对最高气温的整体预估效果

的 60.87%、54.90%、32.18%、35.00%、50.00%；RMSE 仅为 Ori-RF、Geoi-BPNN、Ori-BPNN、Geoi-SVM、Ori-SVM 的 69.01%、63.64%、40.50%、30.82%、58.33%；MSE 为 Ori-RF、Geoi-BPNN、Ori-BPNN、Geoi-SVM、Ori-SVM 的 47.06%、40.00%、16.33%、9.41%、33.80%；R^2 为 Ori-RF、Geoi-BPNN、Ori-BPNN、Geoi-SVM、Ori-SVM 的 1.01、1.02、1.05、1.11、1.02 倍。以上的结果均显示出 Geoi-RF 对地表最高气温预测具有显著的优越性。

　　尽管除了 Ori-BPNN、Geoi-SVM 以外，其余模型的 R^2 均达到 0.95 以上，但通过自适应时空自相关改进的 Geoi-RF、Geoi-BPNN 通过算法补充模型中缺失的时空地理属性，使模型效率进一步提升，最终使对 T_{max} 预测结果的 MAE、RMSE、MSE 值控制在 0.8K 以内，R^2 达到 0.97 以上。综上所述，通过融合多源数据及耦合自适应时空自相关算法能够显著提高 RF 与 BPNN 对 T_{max} 的预估能力。

三、最高气温预测准确性评估

　　图 2-22 及图 2-23 分别展示了 2003～2012 年不同月份 6 种模型最高气温估计误差的频率直方图及密度图。从直方图及密度图均可以看出，除了 Ori-SVM 的最高气温估计误差呈现出较为显著的双峰分布，其他模型最高气温的估计误差均明显呈现单峰型。此外，Geoi-RF 对最高气温的预估准确性显著高于其他模型。主要表现在其误差分布在 0 附近的密度及低误差样本个数均显著高于其余 5 个模型，且这种对 T_{max} 预估结果的优越性在 1～12 月未发生明显改变，这显示出 Geoi-RF 对最高气温预估的高准确性及稳定性。此外，耦合了自适应时空自相关的随机森林模型（Geoi-RF）的精准度高于原始随机森林模型（Ori-RF），与其余 4 个模型相比，其预估精度也相对较高，特别是在气温较低的时期（1 月、2 月、3 月、11 月及 12 月）。

　　在预报准确率（A1.5）方面，耦合了自适应时空自相关的机器学习体现出明显的优越性（表 2-5）。在年尺度上，Geoi-RF、Ori-RF、Geoi-BPNN、Ori-BPNN、Geoi-SVM、Ori-SVM 的年平均预报准确率（A1.5）分别为 97.88%、94.93%、94.72%、83.78%、88.37%、95.03%。Geoi-RF 的预报准确率相较于 Ori-RF、Geoi-BPNN、Ori-BPNN、Geoi-SVM、Ori-SVM 分别提高了 2.95、3.16、14.1、9.51、2.85 个百分点。

表 2-5　不同模型对最高气温预估结果的精准率月变化规律　　　（单位：%）

月份	Geoi-RF	Ori-RF	Geoi-BPNN	Ori-BPNN	Geoi-SVM	Ori-SVM
1	87.58	65.24	66.74	34.21	52.32	44.95
2	86.98	63.69	71.81	38.00	52.85	46.92
3	85.39	66.58	63.73	40.83	56.40	54.65
4	84.19	69.45	57.63	35.90	61.65	69.15
5	83.00	70.95	64.13	35.87	62.45	71.77
6	83.86	75.77	63.31	45.56	64.08	71.27
7	82.68	68.52	63.26	42.53	55.55	62.65
8	84.73	70.46	66.79	44.27	59.72	66.11

续表

月份	Geoi-RF	Ori-RF	Geoi-BPNN	Ori-BPNN	Geoi-SVM	Ori-SVM
9	86.20	76.55	64.21	40.59	60.99	71.28
10	86.10	74.56	60.57	49.29	62.25	59.50
11	88.69	68.01	66.45	45.21	54.44	51.80
12	87.08	69.17	71.37	38.33	54.30	50.29

在对于最高气温的精准估计方面，耦合自适应时空自相关的随机森林模型（Geoi-RF）也表现出一定的优越性。Geoi-RF、Ori-RF、Geoi-BPNN、Ori-BPNN、Geoi-SVM、Ori-SVM 对 T_{max} 预估结果的精准率（A0.5）分别为85.53%、69.96%、64.95%、40.91%、58.14%、60.14%。Geoi-RF 相较于 Ori-RF、Geoi-BPNN、Ori-BPNN、Geoi-SVM、Ori-SVM，对 T_{max} 预估结果的精准率（A0.5）分别提高了 15.57、20.58、44.62、27.39、25.39 个百分点。同时，Geoi-BPNN 相较于 Ori-BPNN 对 T_{max} 预估结果的精准率提高了 20.04 个百分点。

由此说明耦合自适应时空自相关算法能够有效地提高 RF 及 BPNN 对最高气温预测的准确度及精准度，但其与 SVM 的耦合反而降低了传统 SVM 模型对最高气温的预测精度。

为了进一步评估 6 种模型对不同气候背景下最高气温的预估精度，图2-24 展示了 6 种模型对中国四季最高气温预估的误差分布图。从各模型总体空间分布来看，6 个模型对最高气温的估计误差虽然在整体空间分布上呈现不同的态势，但大多数模型在青藏高原及中国西南地区对最高气温的估计精度相较于其他地区呈现明显下降的态势。其中，青藏高原区气温较难模拟主要是由于该区域海拔高、地形地势复杂，进而使最高气温预估的复杂性增加。而复杂的地形环绕和云覆盖较多是导致西南地区的气温也较难模拟的主要原因。

相较于其他 5 个模型，Geoi-RF 在空间格局、时间分布以及典型误差敏感区，对 T_{max} 的预估精度都有明显的提高。在空间格局上，除对中国的四川、云南与青藏高原交界处呈现明显的低估外，Geoi-RF 的绝对误差大都分布在 0～0.5K，绝对误差远小于其他模型。在时间分布上，一方面 Geoi-RF 在冬季对最高气温的预估相较于春、夏、秋三季更准确；另一方面，Geoi-RF 相较于 Ori-RF，其精度在四个季节均有明显的提升，特别是在冬季。这反映出自适应时空自相关算法在一定程度上能够改善随机森林模型对低温的模拟效果。但是，相较于其他模型，Geoi-RF 在四川、云南与青藏高原交界处的预估误差无明显改善。主要原因除了该区域的地形地势复杂等客观因素外，该区域的气象站分布较为稀疏也是造成该地对最高

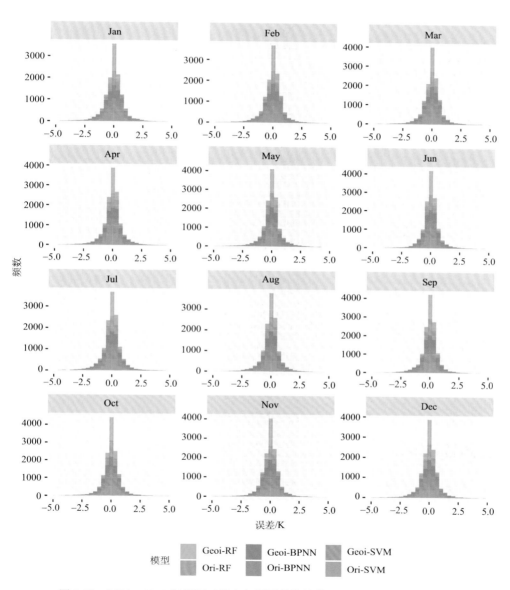

图 2-22 2003～2012 年模型对最高气温预估结果的月误差分布频率直方图

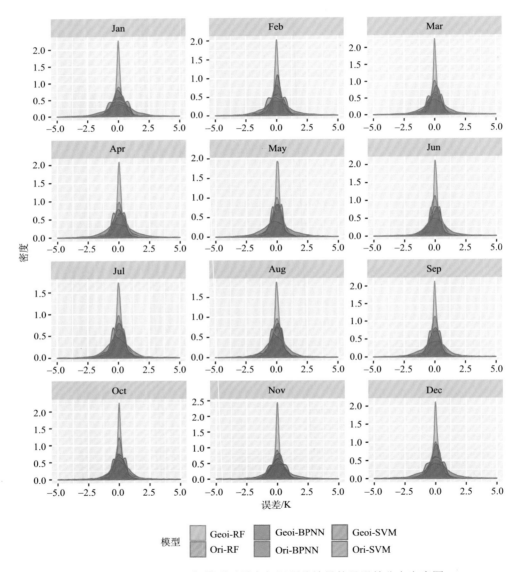

图 2-23　2003～2012 年模型对最高气温预估结果的月误差分布密度图

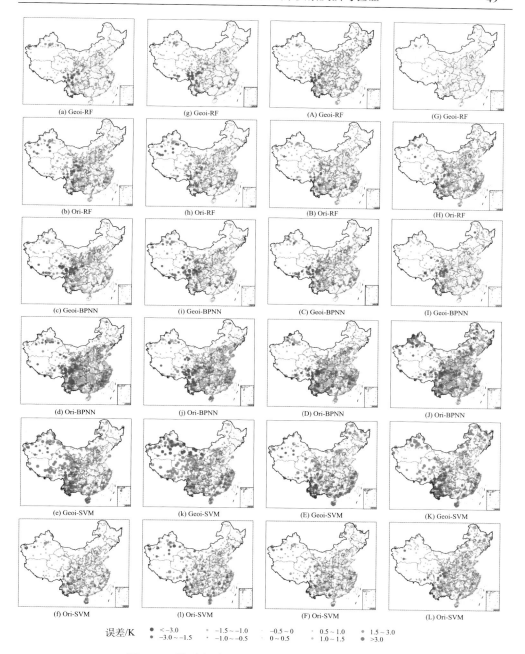

| 误差/K | ● <-3.0 | · -1.5~-1.0 | · -0.5~0 | ○ 0.5~1.0 | ● 1.5~3.0 |
| | ● -3.0~-1.5 | · -1.0~-0.5 | · 0~0.5 | ○ 1.0~1.5 | ● >3.0 |

图 2-24　模型各季节最高气温预测误差空间分布图

（a）～（f），（g）～（l），（A）～（F），（G）～（L）分别代表春、夏、秋、

冬四季 6 个模型误差的空间分布图

气温低估的重要原因之一,因实测数据是 Geoi-RF 模型率定与校准的重要数据源,故地形及站点分布均显著影响着对最高气温的模拟精度。在站点较为密集的中国东部地区对最高气温模拟效果明显好于站点稀疏的西部地区也证明了这一判断。

尽管相较于 Geoi-RF 模型,Geoi-BPNN 对最高气温的估计误差较大,但其误差空间分布明显好于未耦合自适应时空自相关算法的 Ori-BPNN,且对中国东部地区最高气温的预估具有较为明显的纠偏作用,可将估计偏差大都控制在 0.5K 之内。Geoi-RF 相较于 Geoi-BPNN,在实测站点较少的西南地区的预估误差较小,且这种对最高气温预测的优势在四季均明显存在。

虽然自适应时空自相关算法对于 RF 及 BPNN 有明显的改善,但是其与 SVM 的耦合反而造成了模型预估精度显著降低。虽然,该算法对 SVM 造成负面影响在全国范围内都有较为明显的表现,但在寒冷地区表现得尤为显著。如在春季及秋季,Geoi-SVM 在高海拔的青藏高原区的误差大多大于 3K,即出现明显的高估效应。在冬季纬度较高的东北地区,Geoi-SVM 模型也表现出明显的高估,随着纬度的升高,这种高估越发显著。与未耦合自适应时空自相关的 Ori-SVM 对比,Geoi-SVM 误差无论在时间还是空间上均有显著的降低。

综上所述,Geoi-RF 是本书中出现的 6 种模型中估计中国千米尺度最高气温最好的模型。此外,自适应时空自相关算法能够显著提高 RF 及 BPNN 模型的预估精度,但其与 SVM 的耦合在时间和空间上均降低了 SVM 对最高气温的预估精度,且对于高寒区最高气温的估计有明显的高估效应。究其原因,一方面是由于增加了时空自相关变量进而增加了输入参数的不确定性,加之 SVM 模型对最高气温的预估存在一定的局限性,两者耦合放大了模型缺陷,致使最高气温准确性显著降低。另一方面,由于模型采用的是系统内置推荐的参数,但并未对多种核函数方案进行优化比选,进而可能导致 Geoi-SVM 对 T_{max} 的整体模拟效果不佳。

图 2-25、表 2-6 展示了 6 种模型不同土地利用类型下实测最高气温值与估计最高气温值的对比。不难看出,所有模型均能较好地估计不同土地利用类型下的最高气温值。具体表现为所有模型 R^2 都高于 0.9,RMSE 均小于 1.6K。但 Geoi-SVM 相较于其他模型对最高气温的预估精度要差一些,该模型相较于其他模型的 R^2 降低 1.03%～2.40%,且点的分布距离 1∶1 线较为分散,大部分点高于 1∶1 线,这意味着该模型对最高气温的高估状况发生概率显著高于低估状况发生概率。此外,耦合自适应时空自相关算法的 RF 及 BPNN 相较于原始模型,在不同的土地利用类型下均出现明显向 1∶1 线"聚拢"的状况,这意味着通过考虑地理的时空相关性,补充不同栅格时间和空间上的潜在关系,能够使模型对最高气温的模拟精度得到提升。

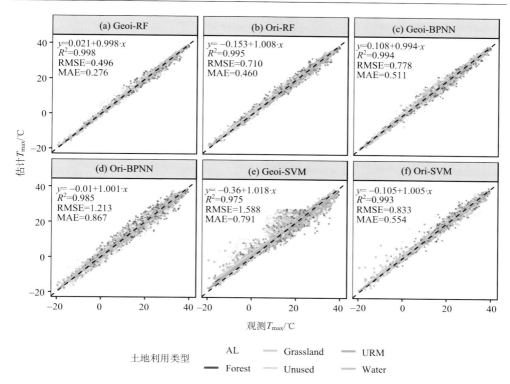

图 2-25　不同土地利用类型下模型观测最高气温值与估计最高气温值对比

表 2-6　不同土地利用类型下模型对最高气温预估结果与观测最高气温的线性拟合参数

模型	土地利用类型	公式	R^2
Geoi-BPNN	Forest	$y=0.277+0.994x$	0.988
Geoi-BPNN	URM	$y=0.056+0.994x$	0.997
Geoi-BPNN	Grassland	$y=0.237+0.993x$	0.983
Geoi-BPNN	AL	$y=0.056+0.996x$	0.995
Geoi-BPNN	Water	$y=0.183+0.995x$	0.994
Geoi-BPNN	Unused	$y=0.323+0.978x$	0.990
Ori-BPNN	Forest	$y=0.082+0.999x$	0.965
Ori-BPNN	URM	$y=-0.037+x$	0.990
Ori-BPNN	Grassland	$y=-0.051+1.008x$	0.971
Ori-BPNN	AL	$y=-0.025+1.001x$	0.988
Ori-BPNN	Water	$y=0.209+1.005x$	0.987
Ori-BPNN	Unused	$y=0.132+0.996x$	0.984

续表

模型	土地利用类型	公式	R^2
Geoi-SVM	Forest	$y=-0.156+1.012x$	0.956
Geoi-SVM	URM	$y=-0.324+1.019x$	0.985
Geoi-SVM	Grassland	$y=-0.959+1.008x$	0.917
Geoi-SVM	AL	$y=-0.147+1.012x$	0.988
Geoi-SVM	Water	$y=-0.54+1.027x$	0.953
Geoi-SVM	Unused	$y=-1.095+1.035x$	0.945
Ori-SVM	Forest	$y=-0.109+1.004x$	0.986
Ori-SVM	URM	$y=-0.14+1.007x$	0.995
Ori-SVM	Grassland	$y=-0.262+1.012x$	0.989
Ori-SVM	AL	$y=1.001x$	0.994
Ori-SVM	Water	$y=-0.057+1.011x$	0.991
Ori-SVM	Unused	$y=-0.348+1.017x$	0.994
Geoi-RF	Forest	$y=-0.002+1.002x$	0.993
Geoi-RF	URM	$y=0.022+0.997x$	0.999
Geoi-RF	Grassland	$y=0.025+1.001x$	0.993
Geoi-RF	AL	$y=0.019+0.998x$	0.998
Geoi-RF	Water	$y=-0.097+1.006x$	0.997
Geoi-RF	Unused	$y=0.153+0.99x$	0.997
Ori-RF	Forest	$y=-0.337+1.016x$	0.988
Ori-RF	URM	$y=-0.124+1.006x$	0.997
Ori-RF	Grassland	$y=-0.512+1.025x$	0.989
Ori-RF	AL	$y=-0.036+1.003x$	0.996
Ori-RF	Water	$y=-0.142+1.014x$	0.995
Ori-RF	Unused	$y=-0.2+1.014x$	0.993

四、中国最高气温空间分布

图 2-26～图 2-29 展示了中国实测四季平均最高气温值与 6 种模型对四季平均最高气温估计值的空间分布图。从总体上看，除了 Geoi-SVM 与 Ori-SVM 外，其余 4 种模型对中国最高气温的空间分布与站点观测到的实际最高气温的空间分布具有相同的空间格局，这表明了 4 种模型在整体上均有准确预估最高气温的能力，能够较为准确地描绘出因纬度等因素影响导致的我国最高气温四季均呈现从东南沿海向内陆温度逐渐递减的空间格局。但对于站点较为稀疏的青藏高原地区、气候状况复杂的四川地区以及深处内陆的新疆地区，不同的模型对最高气温模拟效果存在着显著的差异。

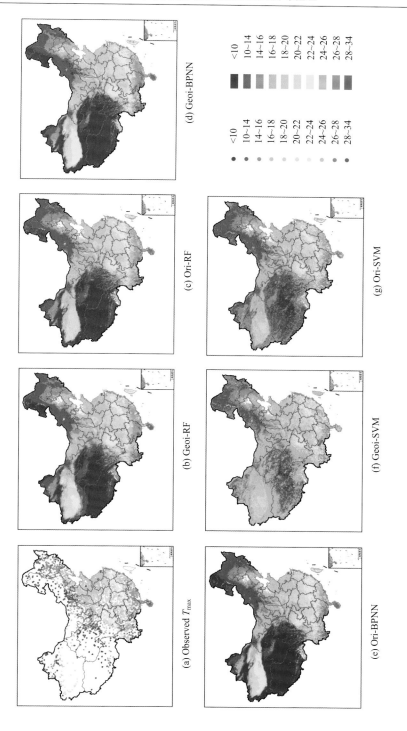

图 2-26 春季实测最高气温值与预测最高气温值空间分布对比图（单位：℃）

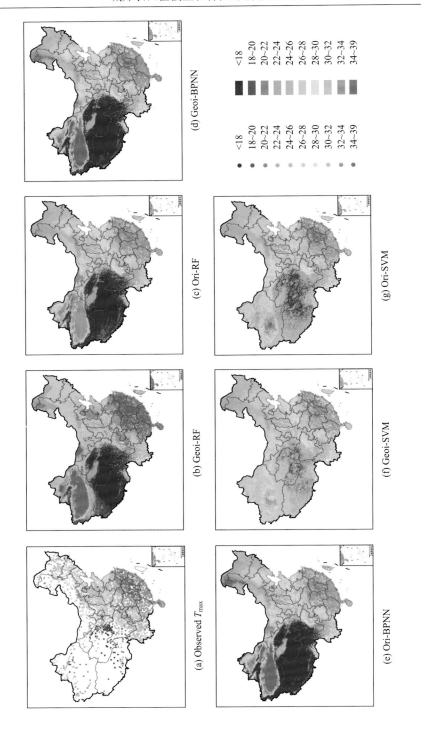

图 2-27　夏季实测最高气温值与预测最高气温值空间分布对比图（单位：℃）

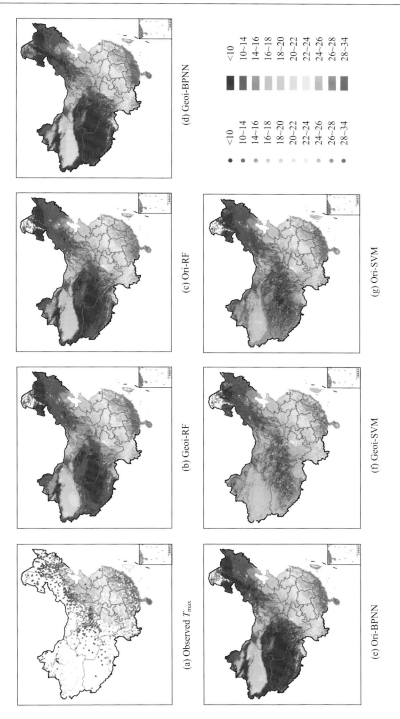

图 2-28　秋季实测最高气温值与预测最高气温值空间分布对比图（单位：℃）

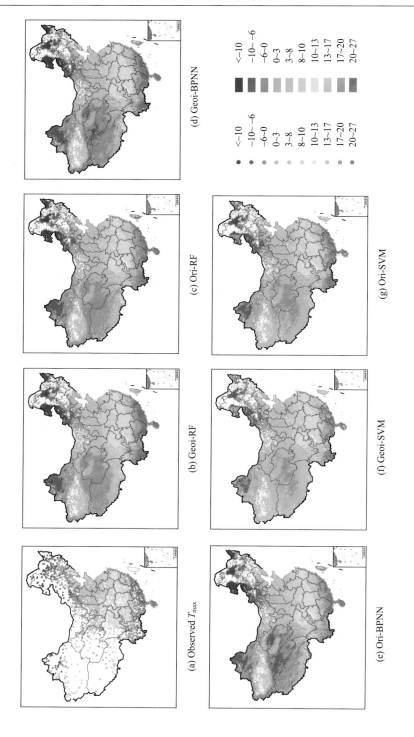

图 2-29　冬季实测最高气温值与预测最高气温值空间分布对比图（单位：℃）

春季，6 种模型大体上均能描绘出中国春季月平均最高气温的空间分布规律，但是由于 SVM 本身的算法对于气温估计的不适应，导致 Geoi-SVM、Ori-SVM 相较于其他模型在青藏高原地区对最高气温存在着明显的高估情况，且这种情况在 Geoi-SVM 上尤为显著。这与上节的研究结果一致。而在多云的四川地区，纳入自适应时空自相关变量的 Geoi-RF 与 Geoi-BPNN 相较于其余 4 个模型能够更为准确地刻画出该区的高温值。值得注意的是，Geoi-BPNN 相较于 Ori-BPNN 能够更为清楚地描绘出北京局部区域最高气温的增温效应。以上结果表明，自适应时空自相关算法显著地提高了部分模型对于精细区域最高气温的模拟精度。

夏季，除了 Geoi-SVM、Ori-SVM 外，其余 4 种模型大体上均能描绘出中国夏季东南区以及内陆区新疆的极端高温格局。但未耦合时空自相关的 RF 与 BPNN 较难模拟出华南区及新疆地区的高温信息，对这两个地区最高气温的预估存在低估情况。而在四川地区，纳入自适应时空自相关变量的 RF 与 BPNN 对该区的最高气温值表现出更为准确的估计，这反映了耦合自适应时空自相关的 RF 与 BPNN 对精细区域最高气温的模拟的优越性。

秋季至冬季，6 种模型在中国东部地区的模拟效果基本一致，皆接近于实测最高气温值。但在青藏高原地区，不同模型间显现出显著的差异。与其他季节一样，Geoi-SVM、Ori-SVM 相较于其他模型对于最高气温的估测均偏高。而在西南地区，仍旧是耦合了自适应时空自相关的 RF 及 BPNN 算法对该区的局部高温值估计更为准确。

第四节 中国千米网格尺度最低气温反演

一、最低气温预测交叉验证结果

为了综合评估 6 种机器学习模型对最低气温估计的准确性及稳定性，研究运用十折交叉验证，在总体和时间两个维度对纳入自适应空间自相关变量的 Geoi-SVM、Geoi-BPNN、Geoi-RF 模型与原始机器学习模型 Ori-SVM、Ori-BPNN、Ori-RF 进行了多角度的对比分析（表 2-7 及图 2-30）。首先，从总体的评估结果来看，6 种模型对最低气温的预测结果在训练及验证阶段均有较为良好的表现。从决定系数（R^2）来看，6 个模型训练阶段及验证阶段的 R^2 均大于 0.9，其中训练阶段为 0.972（Ori-BPNN）～0.994（Ori-SVM）及 0.906（Geoi-SVM）～0.994（Geoi-RF、Ori-RF）。

表 2-7 气温预估模型总体交叉检验结果（最低气温）

模型	训练模型的交叉检验				预测模型的交叉检验			
	R^2	RMSE/K	MAE/K	PRE/%	R^2	RMSE/K	MAE/K	PRE/%
Ori-SVM	0.994	0.545	0.497	5.694	0.924	1.745	1.101	17.339
Ori-BPNN	0.972	1.185	0.858	12.469	0.939	1.263	0.901	8.207
Ori-RF	0.993	0.537	0.352	5.465	0.994	0.535	0.369	5.532
Geoi-SVM	0.993	0.552	0.501	5.782	0.906	1.984	1.199	19.698
Geoi-BPNN	0.975	1.134	0.831	11.913	0.943	1.217	0.877	7.891
Geoi-RF	0.993	0.540	0.352	5.497	0.994	0.534	0.369	5.526

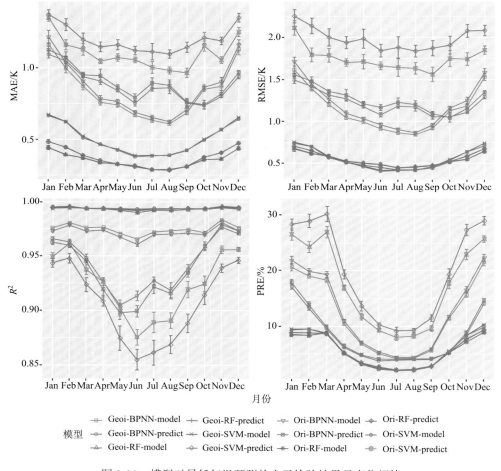

图 2-30 模型对最低气温预测的交叉检验结果月变化规律

从均方根误差（RMSE）来看，模型训练阶段及验证阶段的 RMSE 分别为 0.537K（Ori-RF）～1.185K（Ori-BPNN）及 0.534K（Geoi-RF）～1.984K（Geoi-SVM）。模型训练阶段及验证阶段的平均绝对误差（MAE）分别为 0.352K（Ori-RF、Geoi-RF）～0.858K（Ori-BPNN）及 0.369K（Geoi-RF、Ori-RF）～1.199K（Geoi-SVM）。模型训练阶段及验证阶段的平均绝对误差百分比（PRE）分别为 5.465%（Ori-RF）～12.469%（Ori-BPNN）及 5.526%（Geoi-RF）～19.698%（Geoi-SVM）。其中，结合各月预测结果和总体结果来看，Geoi-RF 模型表现最好，相较于其他在研究中涉及的机器学习模型，RMSE 和 MAE 最多减少了一个数量级。

此外，从训练阶段与验证阶段的验证结果来看，相较于训练模型，验证模型的模型效率多为降低状态，但不同模型的降低程度有明显差异。其中 Geoi-RF 及 Ori-RF 模型均较为稳定，各个效率评估参数均无明显的变化。稳定性最差的模型为 SVM，其验证模型效率相较于训练模型有显著的下降。具体表现为 Geoi-SVM 与 Ori-SVM 的 R^2 分别降低了 7.042%、8.761%，RMSE 分别提高了 1.200K、1.431K，MAE 分别提高了 0.603K、0.698K，PRE 分别提高了 11.645 个百分点、13.916 个百分点，由此看出 SVM 存在较为明显的过拟合现象，不是一个较为理想的估计最低气温的模型。

为了进一步探讨耦合时空自相关算法机器学习模型是否对最低气温的预估结果有显著改善，本书进一步对比了 3 个耦合了时空自相关的机器学习模型（Geoi-RF、Geoi-BPNN、Geoi-SVM）及其对应的 3 个传统机器学习模型（Ori-RF、Ori-BPNN、Ori-SVM）对最低气温的预估效果。在训练阶段与验证阶段 Geoi-RF（Geoi-BPNN）相较于 Ori-RF（Ori-BPNN）的 RMSE、MAE、PRE 均为无明显差异。其中，Geoi-BPNN 相较于 Ori-BPNN 的 RMSE 分别降低了 0.051K、0.046K，MAE 降低了 0.027K、0.024K，PRE 分别降低了 0.556 个百分点、0.316 个百分点。而 Geoi-SVM 相较于 Ori-SVM，RMSE 分别增加了 0.007K、0.239K，MAE 分别提高了 0.004K、0.098K，PRE 分别提高了 0.088 个百分点、2.359 个百分点。由此表明，自适应时空自相关算法能够明显改善 BPNN 模型对最低气温的模拟效果，而其与 SVM 模型的耦合反而会造成该模型对 T_{min} 预测的准确性及稳定性降低。

以上的总体评估结果虽然在一定程度上可以粗略地反映模型的优劣及稳定性，但是无法直观地反映不同模型在不同月份对 T_{min} 的预测状况。本书通过图 2-31 展示了 6 个模型的 4 个效率评估参数在各月份的变化趋势。不难看出，不同模型对 T_{min} 的估计效率及稳定性在年内有着较为显著的差异。Geoi-RF 与 Ori-RF 模型对 T_{min} 总体估计状况表现最好，年内 R^2 均高于 0.982，且模型误差参数（MAE、RMSE、PRE）远低于其他 4 个模型且年内波动较小。尽管 Ori-RF 已经对 T_{min} 有较好的估计，但耦合了时空自相关算法的 Geoi-RF 仍增加了该模型对 T_{min} 预估的准确性。此外，耦合自适应时空自相关算法对 BPNN 模型表现出明显的促进作用，具体表现为 Geoi-BPNN 相较于 Ori-BPNN 在 1～12 月均有明显的提高。与 T_{avg} 与 T_{max} 相同，在训练阶段，Geoi-SVM 与 Ori-SVM 对 T_{min} 的预估效率参数均无明显的差异，但是在预测阶段，其预测模型的各评估参数均反映出耦合自适应时空自相关算法会导致 SVM 的准确性降低，且这两种算法耦合的拮抗作用在 1～12 月均明显存在。综上所述，基于十折交叉验证的结果表明，耦合自适应时空变量的 RF 及 BPNN 相较于原机器学习模型能够提高对 T_{min} 预测结果的准确性及稳定性，但该算法仍有一定的局限性，可能会导致部分机器学习模型对 T_{min} 预估的准确性及稳定性的下降。

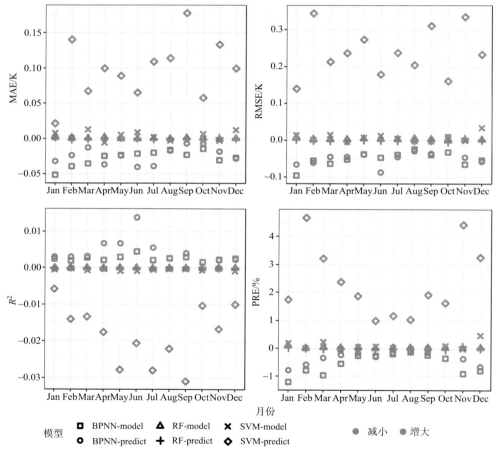

图 2-31　耦合自适应时空自相关的地理智能机器学习模型与传统机器学习模型对最低气温模拟精度对比

二、最低气温预测总体效率评估

为了进一步对比 6 个模型对最低气温的效率差异，研究同样采用 Tukey 检验法来对比不同模型效率系数。图 2-32 对比了 6 种模型的平均绝对误差（MAE）、均方根误差（RMSE）、均方误差（MSE）和决定系数（R^2）。从 4 组验证参数的表现结果来看，耦合了自适应时空自相关算法的随机森林模型（Geoi-RF）对最低

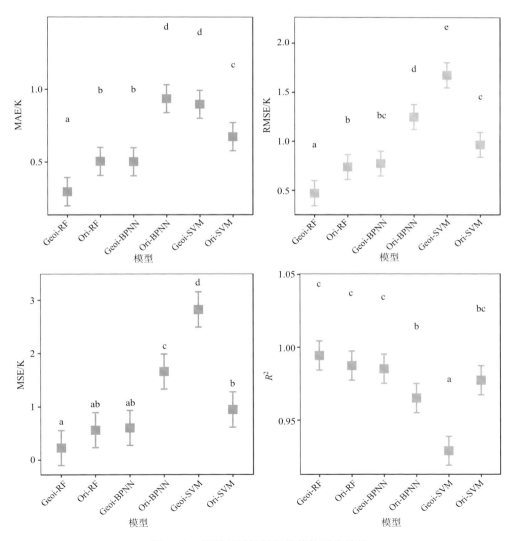

图 2-32　模型对最低气温的整体预估效果

气温的预测情况相较于其他模型显示出较为明显的优势。主要表现在 Geoi-RF 估计的最低气温的 MAE 仅为 Ori-RF、Geoi-BPNN、Ori-BPNN、Geoi-SVM、Ori-SVM 的 58.82%、60.00%、31.91%、33.33%、44.12%。Geoi-RF 估计的最低气温的 RMSE 为 Ori-RF、Geoi-BPNN、Ori-BPNN、Geoi-SVM、Ori-SVM 的 63.51%、61.04%、37.60%、27.98%、48.96%。Geoi-RF 估计的最低气温的 MSE 为 Ori-RF、Geoi-BPNN、Ori-BPNN、Geoi-SVM、Ori-SVM 的 39.29%、36.67%、13.33%、7.80%、23.40%。以上的结果均显示出 Geoi-RF 对地表最低气温预测的优越性。

尽管所有模型的 R^2 均达到 0.93 以上，但耦合了自适应时空自相关算法的 Geoi-RF、Geoi-BPNN 模型通过考虑多维度地理属性，对传统 RF 与 BPNN 模型中缺失的信息进行补充并显著提升模型效率，最终使模型对最低气温预估结果的 MAE、RMSE、MSE 的值控制在 0.8K 以内，R^2 达到 0.97 以上。以上结果表明，通过多源数据的融合及自适应时空自相关算法能够显著提高 RF 与 BPNN 对最低气温的预估能力。

三、最低气温预测准确性评估

图 2-33 及图 2-34 展示了 2003～2012 年不同月份 6 种模型最低气温平均估计误差（error）的频率直方图及密度图。不难看出，除了 Ori-SVM 的最低气温估计误差呈现出较为显著的双峰分布，其他模型最低气温的估计误差均明显呈现单峰型。此外，Geoi-RF 对最低气温的预估准确性显著高于其他模型。主要表现在其误差分布在 0 附近的密度及低误差样本数均高于其余 5 个模型，且这种预估优越性在 1～12 月未发生明显改变，由此显示出 Geoi-RF 对最低气温预估的高准确性及稳定性。

耦合了自适应时空自相关算法的随机森林模型在预报准确率（A1.5）及精准率（A0.5）方面也体现出明显的优越性。在年尺度上，Geoi-RF、Ori-RF、Geoi-BPNN、Ori-BPNN、Geoi-SVM、Ori-SVM 的 A1.5（T_{min}）分别为 98.35%、94.55%、94.28%、81.27%、86.42%、92.75%。Geoi-RF 对 T_{min} 预报的准确率相较于 Ori-RF、Geoi-BPNN、Ori-BPNN、Geoi-SVM、Ori-SVM 分别提高了 3.8、4.07、17.08、11.93、5.6 个百分点。在对于最低气温的精准估计方面，耦合自适应时空自相关算法的随机森林模型（Geoi-RF）也表现出一定的优越性。Geoi-RF、Ori-RF、Geoi-BPNN、Ori-BPNN、Geoi-SVM、Ori-SVM 的 A0.5（T_{min}）分别为 83.19%、65.03%、66.66%、37.64%、49.64%、46.69%。Geoi-RF 相较于 Ori-RF、Geoi-BPNN、Ori-BPNN、Geoi-SVM、Ori-SVM，精准率分别提高了 18.16、16.53、45.55、33.55、36.50 个百分点。Geoi-BPNN 相较于 Ori-BPNN 精准率提高了 20.04 个百分点。由此说明

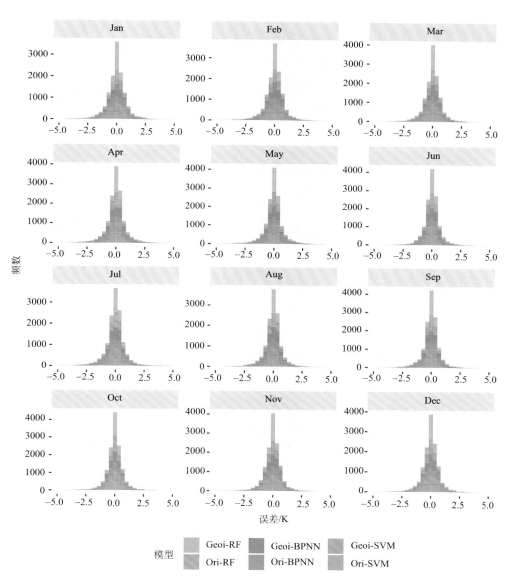

图 2-33 2003～2012 年模型对最低气温预估结果的月误差分布频率直方图

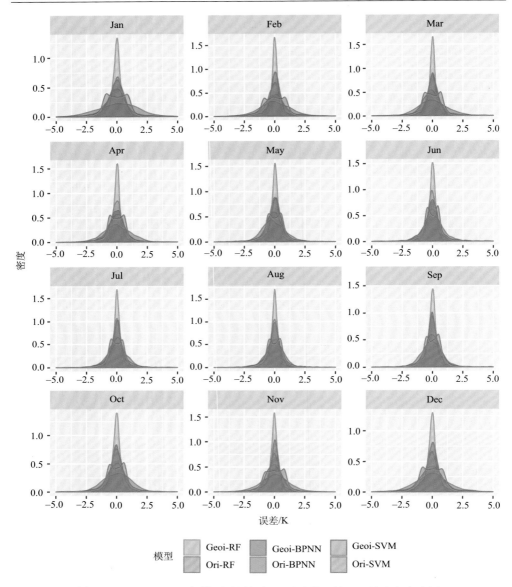

图 2-34　2003~2012 年模型对最低气温预估结果的月误差分布密度图

通过多源遥感数据的融合以及其与自适应时空自相关算法的耦合均能够有效地提高部分模型预测最低气温的精准度。由于精准率相较于准确率判定标准更为严苛，故更能够刻画模型的精确程度。表 2-8 展示了 6 个模型精准率（A0.5）在 12 个月份的时间分布。不难看出，Geoi-RF 的精准度高于 Ori-RF，但其相较于 Ori-RF 在气温较低的时期（1 月、2 月、10 月、11 月及 12 月），提升幅度均超过 20%，其余月份的精准率也高于 10%。类似的现象也发生在 BPNN 上，Geoi-BPNN 相较于 Ori-BPNN 在气温较低的时期（1 月、2 月、3 月、11 月及 12 月），提升幅度均超过 33%，其余月份的精准率也高于 17%。除了 6～8 月，Geoi-SVM 其对最低气温的估计相较于 Ori-SVM 精准度提高了 2.73～11.51 个百分点。

表 2-8　不同模型对最低气温预估结果的精准率月变化规律　　（单位：%）

月份	Geoi-RF	Ori-RF	Geoi-BPNN	Ori-BPNN	Geoi-SVM	Ori-SVM
1	78.80	54.69	56.10	22.38	44.54	33.03
2	82.65	59.86	69.54	31.76	44.20	37.73
3	82.76	63.77	67.02	33.33	48.25	43.16
4	82.90	66.45	58.05	34.49	51.41	47.00
5	84.03	68.93	66.77	39.45	53.13	45.88
6	84.16	73.43	65.64	48.03	54.65	63.95
7	85.62	74.05	71.77	48.71	56.20	60.68
8	86.09	72.45	73.49	50.11	53.92	62.17
9	84.48	69.65	70.72	45.78	53.06	47.62
10	83.61	61.43	66.50	32.90	47.28	41.18
11	85.00	60.77	70.39	34.11	49.37	41.09
12	77.99	54.43	63.83	30.22	39.21	36.48

准确率及精准率虽然可以在总体上判断模型效率，但并不能评估各模型对中国最低气温的预估效果在中国的整体适应性，图 2-35 展示了 6 种模型对中国四季最低气温预估的误差分布图。从各模型总体空间分布来看，6 个模型对最低气温的估计误差虽然在整体空间分布存在较大差异，但大多数模型在青藏高原南部、新疆地区北部及四川、云南地区对最低气温的估计精度相较于其他地区有明显下降的态势。

在 6 个模型中，Geoi-RF 相较于其他模型无论在空间格局、时间分布以及典型误差敏感区都有较好的表现。在空间格局上，除中国的四川、云南与青藏高原交界处对误差呈现较明显的低估外，Geoi-RF 的绝对误差大都分布在 1K 以内。在时间格局上，Geoi-RF 在冬季对最低气温的预估相较于该模型在春、夏、秋三季的表现较为准确，秋季虽然误差在 1K 内，但是相较于其他三季呈现明显的低估状况。另外，Geoi-RF 相较于 Ori-RF，其对最低气温的预估精度在四个季节均有明显的提升，特别是在冬季，自适应时空自相关算法使随机森林模型对整个中国地区最低气温的预估精度显著提高。这反映出自适应时空自相关算法与随机森林

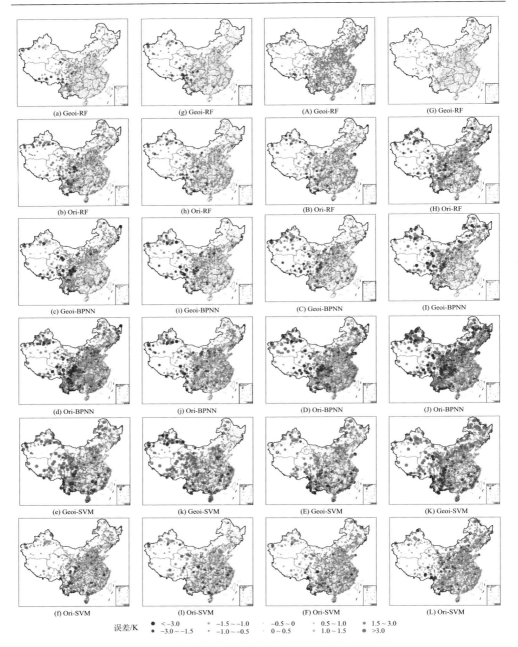

图 2-35　模型各季节最低气温预测误差空间分布图

（a）～（f），（g）～（l），（A）～（F），（G）～（L）分别代表春、夏、秋、

冬四季 6 个模型误差的空间分布图

模型的耦合对极端低温的模拟精度的提升具有较好的促进效应。这同样也反映出耦合了自适应时空自相关算法的随机森林模型对于冬季最低气温的模拟效果相对较好。此外，该模型虽然在四川、云南与青藏高原交界处误差有一定的改善，但由于该区域的地形地势复杂、气象站分布较为稀疏等，Geoi-RF 对青藏高原南部少数站点的最低气温估计值的绝对误差仍高于 3K。

虽然相较于 Geoi-RF，Geoi-BPNN 对最低气温的估计误差较大，但其误差空间分布在整个中国范围内均好于未耦合时空自相关算法的 Ori-BPNN。特别是中国站点较为密集的东部地区，BPNN 模型与自适应时空自相关算法的耦合对该区域最低气温的预估具有十分明显的纠偏作用，大部分验证点的误差降低了 0～0.5K，使模型的准确性进一步提升。

与平均气温与最高气温的预估结果一样，虽然自适应时空自相关算法对于随机森林模型及反向传播神经网络模型有明显的改善，但是其与支持向量机模型的耦合同样造成了支持向量机模型对最低气温预估精度的显著降低，且这种负面影响在寒冷区域（青藏高原及东北地区）更为显著。这种误差无论是量级还是空间分布均有较为明显的区域性及季节性差异。在区域上，Geoi-SVM 对高纬度及高海拔地区呈现明显的高估，低纬度低海拔区呈现明显的低估，且高估区的误差值的量级大于低估区。此外，在春季、夏季、秋季，Geoi-SVM 对最低气温高估区误差值的量级与纬度呈明显的正相关。而在冬季，Geoi-SVM 对最低气温高估的范围及量级均有明显的增加。与未耦合自适应时空自相关算法的 Ori-SVM 对比，其误差无论在时间上还是在空间上均有显著的降低。以上结果均表明耦合自适应时空自相关算法的 SVM 模型并非预估中国千米尺度最低气温的适宜算法。

综上所述，Geoi-RF 是本书中涉及的 6 种模型中最适宜预估中国千米尺度最低气温的机器学习模型。此外，自适应时空自相关算法能够显著提高 RF 及 BPNN 模型的预估精度，但其与 SVM 的耦合在时间和空间上均降低了 SVM 对最低气温的预估精度，尤其对高寒区的最低气温估计具有更为显著的高估作用。

图 2-36 和表 2-9 对比了 6 种模型实测最低气温值与估计最低气温值。与上两节的结果类似，所有模型都能够较好地估计不同土地利用类型下的 T_{min} 值。具体表现为所有模型 R^2 都高于 0.971，MAE 均低于 1K，RMSE 均小于 1.7K。其中，Geoi-RF 相较于其他模型对最低气温的预估精度较低，该模型相较于其他模型的 R^2 降低了 0.92%～2.15%，RMSE 增加了 0.37～1.18K。与平均气温及最高气温的预估情况一样，该模型点分布距离 1∶1 线较为分散，且大部分点高于 1∶1 线，这反映了 Geoi-SVM 对最低气温的高估情况发生概率显著高于低估情况发生概率。此外，融合自适应时空自相关算法的 RF 及 BPNN 相较于原始模型，在不同

的土地利用类型下均出现明显向 1∶1 线 "聚拢" 的状况，且各模型效率参数（R^2、RMSE、MAE）均有显著的提高，这同样反映出自适应时空自相关算法通过考虑地理的时空相关性能够使 RF 与 BPNN 模型对最低气温的模拟效果得到较好的改善。

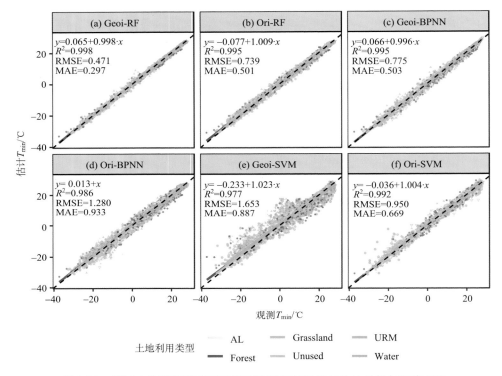

图 2-36　不同土地利用类型下模型观测最低气温值与估计最低气温值对比

表 2-9　不同土地利用类型下模型对最低气温预估结果与观测最低气温的线性拟合参数

模型	土地利用类型	公式	R^2
Geoi-BPNN	Forest	$y=0.211+0.998x$	0.991
Geoi-BPNN	URM	$y=0.05+0.995x$	0.997
Geoi-BPNN	Grassland	$y=0.171+0.998x$	0.987
Geoi-BPNN	AL	$y=0.014+0.998x$	0.996
Geoi-BPNN	Water	$y=0.078+0.994x$	0.996
Geoi-BPNN	Unused	$y=0.015+0.984x$	0.987
Ori-BPNN	Forest	$y=0.036+x$	0.979
Ori-BPNN	URM	$y=0.046+x$	0.989
Ori-BPNN	Grassland	$y=0.086+1.004x$	0.978

模型	土地利用类型	公式	R^2
Ori-BPNN	AL	$y = -0.052 + x$	0.986
Ori-BPNN	Water	$y = 0.114 + 1.007x$	0.989
Ori-BPNN	Unused	$y = -0.073 + 0.992x$	0.971
Geoi-SVM	Forest	$y = -0.061 + 1.019x$	0.968
Geoi-SVM	URM	$y = -0.085 + 1.02x$	0.982
Geoi-SVM	Grassland	$y = -1.043 + 1.028x$	0.942
Geoi-SVM	AL	$y = -0.08 + 1.014x$	0.988
Geoi-SVM	Water	$y = -0.512 + 1.044x$	0.961
Geoi-SVM	Unused	$y = -1.341 + 1.016x$	0.932
Ori-SVM	Forest	$y = -0.038 + 1.001x$	0.99
Ori-SVM	URM	$y = -0.038 + 1.006x$	0.993
Ori-SVM	Grassland	$y = -0.127 + 1.009x$	0.99
Ori-SVM	AL	$y = 0.024 + 0.999x$	0.993
Ori-SVM	Water	$y = -0.034 + 1.015x$	0.99
Ori-SVM	Unused	$y = -0.335 + 1.011x$	0.992
Geoi-RF	Forest	$y = 0.07 + 1.002x$	0.997
Geoi-RF	URM	$y = 0.052 + 0.997x$	0.999
Geoi-RF	Grassland	$y = 0.14 + 0.999x$	0.995
Geoi-RF	AL	$y = 0.057 + 0.997x$	0.998
Geoi-RF	Water	$y = -0.01 + 1.002x$	0.998
Geoi-RF	Unused	$y = 0.026 + 0.993x$	0.995
Ori-RF	Forest	$y = -0.215 + 1.017x$	0.993
Ori-RF	URM	$y = -0.022 + 1.006x$	0.996
Ori-RF	Grassland	$y = -0.275 + 1.024x$	0.991
Ori-RF	AL	$y = -0.018 + 1.003x$	0.996
Ori-RF	Water	$y = -0.065 + 1.017x$	0.996
Ori-RF	Unused	$y = -0.171 + 1.019x$	0.991

四、中国最低气温空间分布

图 2-37～图 2-40 展示了中国实测四季平均最低气温值与 6 种模型的四季平均最低气温估计值的空间分布图。从总体上看，除了 Geoi-SVM 与 Ori-SVM 外，其余 4 种模型对中国的最低气温的空间分布与站点观测到的实际最低气温

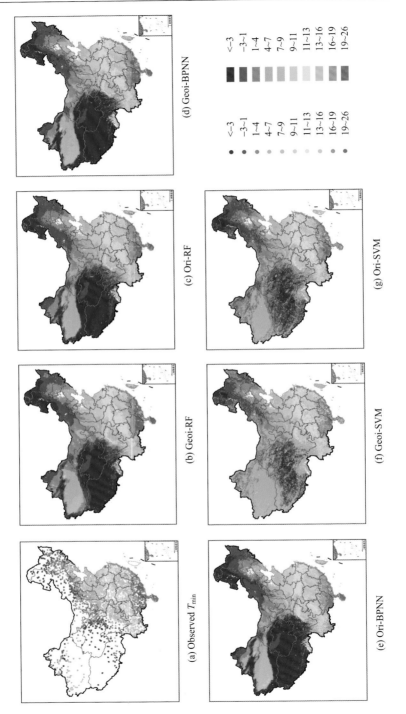

图 2-37　春季实测最低气温值与预测最低气温值空间分布对比图（单位：℃）

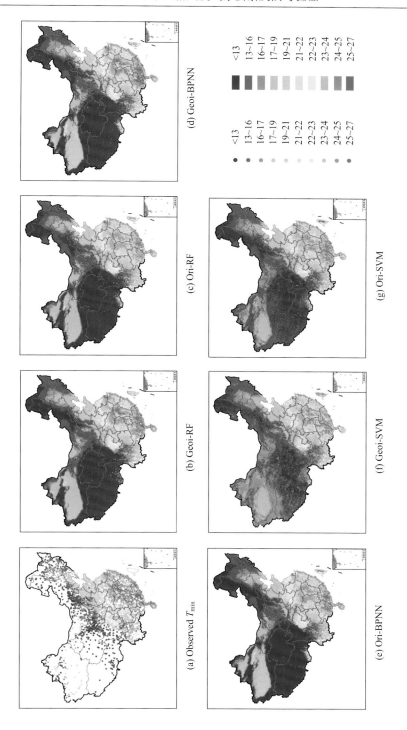

图 2-38 夏季实测最低气温值与预测最低气温值空间分布对比图（单位：℃）

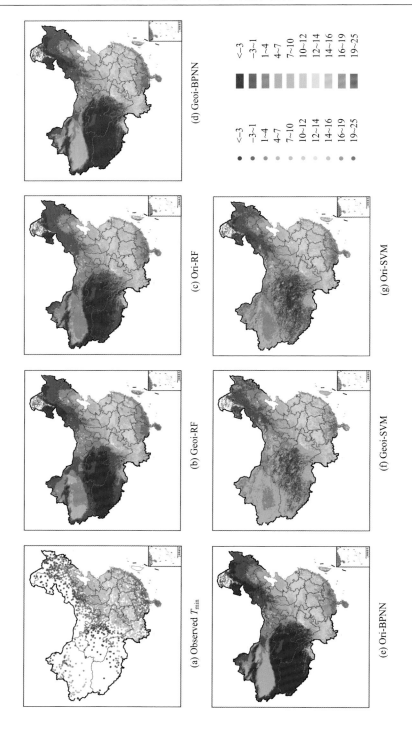

图 2-39　秋季实测最低气温值与预测最低气温值空间分布对比图（单位：℃）

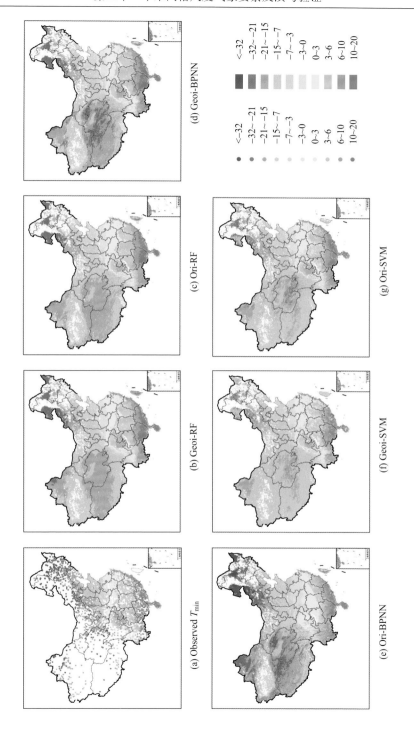

图 2-40　冬季实测最低气温值与预测最低气温值空间分布对比图（单位：℃）

的空间分布具有相同的空间格局,这表明了 4 种模型大体有着准确预估最低气温的能力,在一定程度上能够准确地描绘我国最低气温受到纬度、高程影响及局地微气候变化而产生的空间格局。但不同模型对于站点较为稀疏的青藏高原地区、气候状况复杂的四川地区以及深处内陆的新疆地区的最低气温的模拟能力存在差异。

通过对比 6 个模型对中国春季最低气温的空间分布与观测到的最低气温的差异,在多云的四川地区,纳入自适应时空自相关变量的 Geoi-RF 与 Geoi-BPNN 相较于其余 4 个模型能够更为准确地刻画出该区的高温值。而 SVM 对最低气温估计与平均气温及最高气温一致,Geoi-SVM、Ori-SVM 相较于其他模型在青藏高原地区对最低气温存在着明显的高估情况,且这种情况在 Geoi-SVM 上表现得尤为显著。

与春季相同,除了 Geoi-SVM、Ori-SVM 外,其余 4 种模型大体上均能描绘出中国夏季东南区以及内陆区新疆的最低气温的分布格局。但未耦合自适应时空自相关算法的 RF 与 BPNN 未能精准模拟华南、华中区及新疆局部地区的高温信息,对这些区域最低气温的预估存在低估的情况,Geoi-RF 及 Geoi-BPNN 却能最大程度地保证局部信息不失真,这同样反映了耦合自适应时空自相关算法的 RF 与 BPNN 对最低气温的局部细节精准刻画的优越性。

秋季至冬季,6 种模型在中国东部地区的模拟效果基本一致,皆接近于实测最低气温值数据。除 Geoi-SVM、Ori-SVM 外,其余 4 个模型的预测结果均能反映青藏高原地区的最低气温的空间格局。此外耦合自适应时空自相关算法的 RF 及 BPNN 能对西南地区的最低气温的局部高温进行精准刻画。

第五节　讨　　论

本节研究所构建的 6 个模型中,其中 3 个模型(Ori-RF、Ori-BPNN、Ori-SVM)仅通过甄选训练变量来重构精细化地表气温数据集,另外 3 个模型(Geoi-RF、Geoi-BPNN、Geoi-SVM)在上述模型的基础上还融合了地表气温自适应时空自相关变量。后者中部分模型相较于以前同类型研究中的气温预估模型,精度得到了大幅度的提升,具体表现在 R^2 提高了 11.9~39.6 个百分点。此外,对比其他研究中的同类模型,我们构建的模型 RMSE 降低了 0.5~3K[150-154,156,194,195]。造成以上现象的主要原因可能有以下几种。首先,以往同类研究中,模型构建框架主要强调地表温度与地表气温之间的线性相关性,故大部分模型仅通过地表温度与地表气温之间的回归关系来反演地表气温的空间分布[141,150-152,154,156]。但是由于地气系统的关系常受到不同下垫面类型、天气情况、云覆盖等影响，简单的线性关系不能完全反映地表温度与地表气温之间真正的物理关系，进而造成地表气温的估算错误[178,196]。其次，许多研究为了提高模型对地表气温的模拟精度，对于模型的输入参数进行大量的补充，尽管输入的参数与地表气温有着较为明确的物理关系，但是一些参数并非是影响地表温度与地表气温关系的主要因素，故过多的参数不仅不能提高模型的模拟精度，更有可能造成较大的地表气温估计误差[163,178]。最后，大部分气温预估模型仅通过单一种类的数据源及算法来估计地表气温的空间分布，而不同区域地表温度与地表气温之间的关系可能有差异，不同算法的适用性也具有较为明显的差异。特别是对于像中国一样地域广阔，气候地形类型复杂的研究区域，仅使用单一的算法和数据源很难精准概括地表气温的时空分布特征。

　　基于以上不足，本书通过重组多源异构数据集，优选模型训练特征，通过自适应时空自相关算法与机器学习算法的耦合来模拟地表气温模拟精度。以往的机器学习模型虽然能显著提高模型训练精度[163]，但由于没有充分挖掘不同数据源之间的潜在联系，造成模型精度的进一步提升受到了限制。本书通过考虑地理的时空相关性，补充不同栅格时间和空间上的潜在关系，致使耦合了自适应时空自相关算法的机器学习模型能够较为准确地预估大范围精细尺度的地表气温。

　　尽管本书结果表明，本书构建的地理智能机器学习模型能够较为准确地估计中国地表气温情况，但得到的结果仍存在一定的不确定性。如本书所反演的千米网格尺度月平均（最高、最低）气温的栅格数据，其估计值代表的是 $1km^2$ 区域内的平均（最高、最低）气温情况。用于验证的站点观测气温虽然在一定程度上能够检验气温预估模型的效果，但由于站点布设范围及有效监测范围有限等因素，其不能验证所有区域的气温模拟精度，特别是景观较破碎、地形起伏明显的区域。因此，气象站点的气温观测数据是否能够表征千米网格的气温仍有待探讨，相关研究工作仍需要开展来进行验证与支撑。

　　此外，虽然遥感数据被广泛地应用在地理研究中，但受到复杂的下垫面类型、气候背景、地表起伏、反演算法、云等影响，其数据源不可避免地存在一定的系统性及非系统性误差，而这些误差也会影响最终地表气温估算结果的精度。此外，受云的影响，遥感影像通常会有一些缺失值。本书为了防止插值对模型验证带来误差，并没有对缺失值进行处理，故对于缺失值精准填补等问题仍有待进一步研究。

第六节　本 章 小 结

本章提出了考虑自适应时空自相关性的地理智能气温高精度反演模型。该模型通过融合多源异构数据，甄选优质模型训练变量，耦合自适应时空自相关算法与多种机器学习算法，对中国千米尺度地表气温（平均气温、最高气温、最低气温）进行预测。主要结论如下。

耦合了自适应时空自相关算法的随机森林模型（Geoi-RF）均能够准确地预估地表气温（平均气温、最高气温、最低气温）。该模型的平均绝对误差（MAE）均低于 0.25K，均方根误差（RMSE）指标均低于 0.5K，决定系数（R^2）均接近 1。此外，其对平均气温、最高气温、最低气温预估的平均准确率（A1.5）分别达到了 99.40%、97.88%、98.35%，精准率（A0.5）分别达到了 91.82%、85.53%、83.19%。

Geoi-RF 能够显著地提高传统机器学习模型对地表气温（平均气温、最高气温、最低气温）的预测精度，相较于本书涉及的其他机器学习模型，其对平均气温、最高气温、最低气温预报的精准率分别提高了 18.51～63.17 个百分点、15.57～44.62 个百分点、16.53～45.55 个百分点。

从区域尺度来看，该模型能够提升气温监测资料稀缺区（青藏高原区）、多云区（四川盆地区）及城市区域的地表气温预测精度。此外，耦合自适应时空自相关算法有助于随机森林模型提高对极端高温及极端低温的预估精度。该成果可为大范围精细化气温反演，特别是对无资料区及云覆盖问题区的精细化气温预估问题提供新的研究思路与解决方案，为精细化地表气温反演相关的研究提供一定的理论基础与数据支撑，同时也为后续章节的研究打下坚实的数据基础。

第三章　城市化对城郊农田植被健康的多重影响方式及相关因素分析

中国在过去的几十年内经历了快速的城市化发展，这不仅直接造成了城市及城郊下垫面物理性质的变化，也对周边的微气候特征、水文特征、土壤状况以及生态系统等造成了不可忽视的影响。农田生态系统作为生态系统的重要组成部分之一，也受到了城市化极大的影响。目前，已有大量的研究表明城市化对自然植被生长造成了显著的影响，但较少探讨受人为干扰影响较大的农田植被对城市化的响应规律。

此外，尽管以往有部分研究已探究过城市化与农业系统的耦合互馈关系，但大部分研究主要围绕城市扩张对农田侵占所造成的物理性影响来探究农业生态系统对城市化的响应规律，而较少从更精细的角度来探讨城郊农田植被健康状况对城市化的多维度响应规律及其相关影响因素分析。

本章基于能够反映农田植被生长状况的植被健康指数，探究了中国不同气候背景下的9个中国农业区内32个内陆省会城市城郊农田植被健康状况的时空变化趋势及其沿城乡梯度递变规律，剥离了城市化对城郊农田植被健康状况的直接与间接影响，量化了不同气候背景下自然因子、城市因子及其耦合效应对城郊单位农田植被健康状况变化的影响程度，探讨了城市化引发的水热条件变化与城市化对农田植被健康间接影响的相关关系，以期填补以往研究中关于城市化对农业系统影响的认知盲区。

第一节　研究数据及方法

一、研究数据

本章内容所涉及的数据可大致分为以下4种类型数据集，分别为植被数据集、土地利用数据集、自然影响因子数据集（光水热数据集）、城市影响因子数据集。

（一）植被数据集

植被指数是用来反映农田植被生长状态最为直接的代替指标，许多研究利用植被指数对农田植被的长势及产量进行了良好的监测[197-199]。植被健康指数（VHI）被广泛用于农田植被健康状况评估、产量损失估算以及产量估计等领域[200-202]。该数据集来自美国国家海洋与大气管理局（NOAA）的卫星应用与研究中心（STAR），空间分辨率为 4km×4km。在本章中，农田像元在生长季的 VHI 均值被用来评估该像元农田植被的健康状况。

（二）土地利用数据集

本书共使用了两种土地利用数据。第一种土地利用数据为中国土地利用/覆盖数据集（CLUD），空间分辨率为 1km×1km，该数据基于 Landsat TM/ETM+ HJ-1A/1B 图像生成，共有 25 个类别，所有类别的精度均高于 90%[203,204]，并被广泛用于多种类型的研究中[205-207]。该数据集可从中国科学院资源环境科学与数据中心（http://www.resdc.cn/）获得。

另一种土地利用数据 GlobeLand30，空间分辨率为 30m。该数据由国家基础地理信息中心牵头研制，从 http://www.globallandcover.com/获得[194]。土地覆被分类的总体分类准确性约为 80.33%[194]，多项研究表明 GlobeLand30 中农田、人造地表等土地利用类型具有很高的空间精度[208-210]。农田指用于种植农田植被（又称农作物）的土地，包括水田、灌溉旱地、雨养旱地、菜地等[211]。人造地表包括城镇等各类居民地、工矿、交通设施等，不包括建设用地内部连片绿地和水体[212]。

（三）自然影响因子数据集（光水热数据集）

光照、水分、热量均对农田植被的生长发育及物候有着显著的影响[65]。故本书选用以下数据来对中国各农业区城郊农田 VHI 总体空间分异进行归因。

光照因素选择了光合有效辐射（PAR）进行量化。PAR 是可用于光合作用的太阳辐射，它可以通过控制陆地上生物的光合速率直接影响植物的生长。PAR 属于全球陆表特征参量 GLASS 产品，其空间分辨率为 5 km[213,214]。该数据集来自国家地球系统科学数据中心（http://www.geodata.cn）。

热量因素由地表温度（LST）及地表气温（SAT）来刻画。LST 是从 Aqua MODIS 8 天复合产品（MYD11A2）获得的，其空间分辨率为 1 km。LST 数据包括白天地表温度（DT）、夜晚地表温度（NT）以及两者之差（DMN）。在大多数情况下，该数据的绝对偏差小于 1K[175]。平均地表气温（SAT）通过第二章构建的自适应时空自相关算法反演而成。

水分因素由与农田植被生长息息相关的土壤湿度（SM）与降水（PRCP）来量化。本书采用的土壤水分数据来源于 ERA-Interim，即欧洲中距离天气预报中心最新发布的全球大气再分析产品。时空分辨率分别为 0.125° 和月尺度[215,216]，逐月降水数据来源于国家科技基础条件平台——国家地球系统科学数据中心（http://www.geodata.cn），该数据基于逐日气象站观测降水数据，通过对降水观测数据进行异常值剔除等处理，ANUSPLIN 方法进行空间插值，得到分辨率为 1km 的空间栅格降水数据集。

（四）城市影响因子数据集

城市影响因子数据集包括夜间灯光（NL）数据集及不透水面比率（ISA）数据集。其中，夜间灯光数据的空间分辨率为 1km。在本章中，该数据集作为人为热排放量的替代指标[217,218]。不透水面比率（ISA）通过构建 1km×1km 的滑动窗口，统计不同窗口的 GlobeLand30 中人造地表像元的比例作为不透水面比率。

考虑到各数据集空间分辨率的差异性，将所有数据转投影为 Alber，空间分辨率设置为 1km×1km，时间范围为 2000～2010 年。

二、研 究 方 法

（一）城市化对植被健康的影响足迹量化方法

为了量化城市化对各农田植被生长特征指标（CI）在空间上的影响范围，其中 CI 包括如 VHI 及 NDVI 所构建的各物候指标，本书选用了缓冲区分析法（又称城乡梯度法）。缓冲区分析过程主要分为城市边界提取、缓冲区构建及缓冲区统计 3 个步骤。城市边界的提取主要参考 Yao 等[30]提出的划分方案，通过 CLUD 的城市类别及人机交互的方法进行提取，划分结果如图 3-1 所示。在提取的过程中，为了避免地形和水体对 CI 的影响，将高于城市区域最高点 50m 以上的像元及水体像元排除在分析之外[218]。

缓冲区通过 ArcMap 中的多环缓冲区模块生成，从城市边缘向农村向外生成 30 个半径为 1km 的缓冲区。值得注意的是，由于部分城市的面积相对较小（如拉萨），故部分城市的缓冲区个数可能少于 30。农村地区被定义为距离城市 3 个最远的缓冲区[30,218]。ΔCI 的计算公式如下：

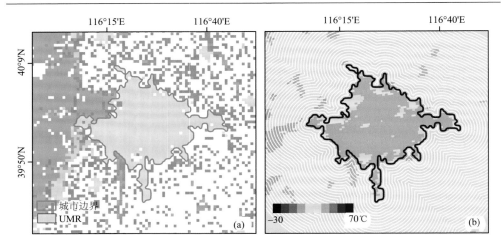

图 3-1　城市区域提取情况

（a）2000 年北京市土地利用类型的空间分布（灰色像素为城市区域；灰色实线为由 CLUD 划分的城市边界）；
（b）2001 年 8 月的地表温度空间

$$\Delta CI_{ij} = CI_{ij} - CI_{rj} \, (i = 1, 2, 3, \cdots, 30)\qquad (3\text{-}1)$$

式中，CI_{ij} 表示 j 类土地利用类型的 i 环缓冲区的平均 CI 值；CI_{rj} 表示 j 类土地利用类型农村区域的 CI 平均值；ΔCI_{ij} 代表城市化对第 i 环、第 j 类土地利用类型的总体影响。若 ΔCI_{ij} 为正值则表示城市化对 CI_{ij} 的总体影响为正影响。若 ΔCI_{ij} 为负值，则表示城市化对 CI_{ij} 的总体影响为负影响。若 ΔCI_{ij} 趋近于 0 则表示城市化对 CI_{ij} 无显著影响。在本书中，应用对连续的两个缓冲区（i 及 $i+1$）的 VHI 样本进行 t 检验，若 t 检验结果不显著，则判定 i 为 j 类土地利用类型的 CI 受城市化影响的范围，简称为城市化影响范围（FP）。在本章中 CI 为 VHI。此外，若其他章节涉及 Δ 符号，算法均与该算法一致。在本书中，ΔCI_{ij} 沿城乡梯度的变化过程定义为影响足迹。

此外，本章采用了指数函数 $y = Ae^{-Bx} + C$ 对 ΔVHI 沿城乡梯度的递变曲线进行了拟合。B 为递变率，C 为拟合曲线渐进值，MI_{est} 由 $A+C$ 进行计算，反映由指数函数估计出的理论最大城乡 VHI 差异值。

（二）土地利用转移矩阵法

为定量描述城市侵占对 CI 的影响，本书采用土地利用转移矩阵法（LUTM）[219] 检测 2000～2010 年的建设用地（包括城乡居民点、工矿、交通等用地）、农田等土地利用类型动态演变过程。其中，由于建设用地密度能够反映城市化发展进程，故在本书中将 CLUD 中的 3 类建设用地统称为城市用地，并通过计算不同时期每个土地利用矩阵转换前后 CI 的变化（CI_{diff}）评估城市、农田等土地利用转化方式对 CI 的影响。具体计算公式如下：

$$CI_{diff} = CI_j^{T2} - CI_j^{T1} \tag{3-2}$$

式中，j 为某种土地利用转化矩阵，如农田转城市（AU）；CI_{diff} 表示某时段内 j 类土地利用转化矩阵 CI 的差异；T1 代表时间的开始；T2 代表时间的结束。因此，CI_{diff} 为正值表示该时段内经过 j 种土地利用转化后 CI 增大；CI_{diff} 为负值则表示经过 j 种土地利用转化后 CI 减小。本章的 CI 为 VHI。

（三）地理探测器

地理探测器是由王劲峰团队开发的一套统计方法，常被用于识别因变量的空间分异性及其驱动力。其基本假设为：若影响因素（X）对因变量（Y）具有重要影响，则 X 应具有与 Y 较为相似的空间分布[220]。与同类型的空间统计学方法相比，如 Moran's I、热点探测 Gi、Lisa，地理探测器更关注于通过挖掘不同变量之间的空间分异性从而探测变量之间的关联[220]。目前，地理探测器主要包括 4 个模块，分别为因子探测器、交互作用探测器、风险探测器和生态探测器[220]。在本书中，仅使用因子探测器和交互作用探测器模块。所有的计算均基于 R 语言平台上的 "GD" 分析包[221]。

因子探测器的原理是通过构造 q 统计量来刻画 X 对 Y 的空间解释能力（图 3-2）。q 值的计算方法如下：

$$q = 1 - \frac{\sum_{h=1}^{L} N_h \sigma_h^2}{N\sigma^2} = 1 - \frac{SSW}{SST} \tag{3-3}$$

$$SSW = \sum_{h=1}^{L} N_h \sigma_h^2; \ SST = N\sigma^2 \tag{3-4}$$

式中，$h = 1, \cdots, L$ 是变量 Y 或影响因子 X 的分层，这意味着 Y 或 X 归为 h 类；N_h 和 N 分别是 h 层和整个区域的元素数；σ_h^2 和 σ^2 分别是第 h 层和整个区域的 Y 值的方差；SSW 和 SST 分别是 h 层内平方和以及整个区域总平方和；q 值的范围是 [0,1]，q 值越大，X 对 Y 的解释力越强，反之亦然。在极端情况下，q 值等于 1 表示因子 X 完全控制 Y 的空间分布，而 q 值等于 0 表示因子 X 与 Y 没有关系。此外，q 表示 X 解释 Y 的 $100 \times q\%$。

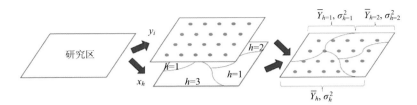

图 3-2　　地理探测器原理图（引自地理探测器：原理与展望[220]）

交互作用探测器的主要功能为识别不同影响因子（X_i）之间的交互作用。其内核思想为评估因子 X_1 和 X_2 共同作用时是否会增加或减弱对因变量 Y 的解释力，或这些因子对 Y 的影响是否是相互独立的[220]。主要的计算原理如图 3-3 所示，首先通过分别计算两个因子 X_1 和 X_2 对 Y 的解释能力 q（X_1）、q（X_2）；然后计算它们相互作用的 q 值（图 3-3 中 X_1 和 X_2 的交集多边形的 q 值）：q（$X_1 \cap X_2$）；最后通过比较 q（X_1）、q（X_2）和 q（$X_1 \cap X_2$）来研判 X_1 与 X_2 的交互关系。两个不同的影响因子 X_i 之间的关系大致可分为 5 类（图 3-3）[220,222]。在本书中参与的探测因子分为两类，一类为自然因子（NF），包括 SM、SAT、PRCP、PAR、DMN、NT、DT，另一类为城市因子（UF），包括 ISA 与 NL。为了便于对比两类因子对单位农田植被健康状况空间分异解释力的强弱，本章定义 q（UF$_i \cap$NF）（i=ISA、NL）代表 UF$_i$ 与所有的自然因子交互作用下对 VHI 解释力 q 的平均值；q（NF）为各自然因子对 VHI 解释力的平均值；两者差值 $q_{i\_interaction} = q$（UF$_i \cap$NF）$- q$（NF）反映了 UF$_i$ 与自然因子的交互作用对农田 VHI 相对解释率相较于自然因子对农田 VHI 平均解释率增强的部分，用于衡量自然因子与城市因子耦合程度的大小。

本书主要选择了因子探测器及交互作用探测器。因子探测器被用来探测不同类别影响因子对城郊农田植被健康状况的影响大小，q 越大的影响因子对 VHI 的影响越显著。交互作用探测器主要用于探测自然因子与城市因子的交互作用对农田植被健康状况的影响。

由于地理探测器要求研究数据均为离散型，故在进行因子探测及交互作用探测之前需要将所有的连续型变量进行离散化处理。常见的离散化方法包括等距法、百分数值法、自然断点法、几何区间法和标准差法。为挑出最优的离散化方法，首先通过 5 种分组方法将所有连续型影响因素的值分别分为 2～8 组，然后使用地理探测器软件来计算不同因子对城郊农田 VHI 变化情况的解释力 q，最终选择使 q 最大的离散化及分组方式作为最终的离散化方案。

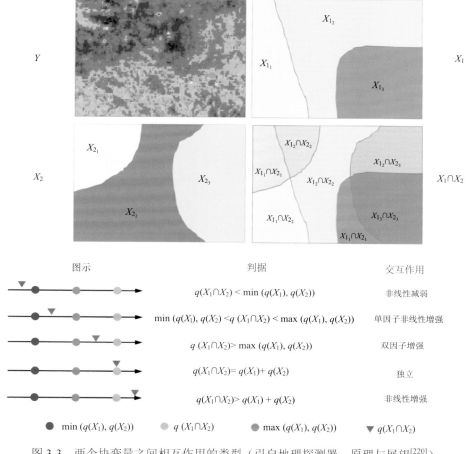

图 3-3　两个协变量之间相互作用的类型（引自地理探测器：原理与展望[220]）

（四）间接影响量化

　　对于单一的农田像元来说，城市化对城郊农田植被生长状况的总体影响从原理上可以分解为直接影响与间接影响。直接影响通常是指由不透水面扩张造成的植被物理性损失对该像元值造成的影响。间接影响是指由于城市化及其相关的人为管理活动所引发的局地水文、气象、土壤状况等改变导致的农田植被生长状况的变化。随着二氧化碳、地表气温及土壤状况的变化，城郊的农田植被往往会受到城市化的影响。为了区分城市对城郊农田植被的直接影响和间接影响之间的差异，本书采用了 Zhao 等[10]提出的概念框架以期定量评估城市化对城郊农田植被生长特征（CI）的直接影响与间接影响。由于该量化框架被应用于第三章及第四章的内容，为了避免重复描述，故将本节中刻画农田植被健康状况的 VHI 及下一节中刻画农田植被物候特征的各指标统称为 CI。下面详细地介绍一下该理论框架。

从概念来说，对于城郊单个农田像元，它观测到的 CI 值可以分解为农田植被部分及受城市扩张影响无农田植被部分（图 3-4），公式如下：

$$C_{\text{obs}} = (1+i)(1-p)C_{\text{fc}} + pC_{\text{nc}} \tag{3-5}$$

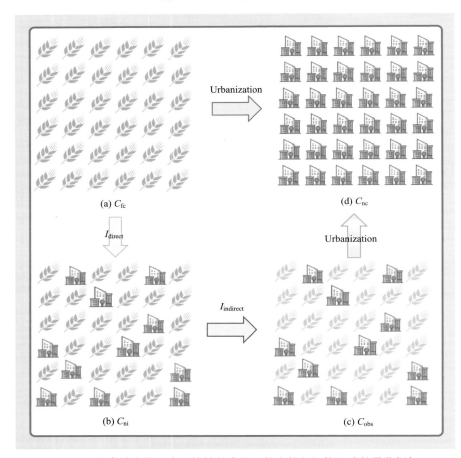

图 3-4　分离城市化对农田植被健康状况的直接与间接影响的量化框架

下面使用由 6×6 个高分辨率像元组成的粗分辨率混合像元来说明城市化对城郊植被健康状况（VHI）的总体影响（直接和间接影响的综合影响）。其中小麦代表农田植被，建筑物代表不透水面。（a）反映了充满农田植被的像素（C_{fc}）。（b）表示受不透水面扩张的影响，有 11 个高分辨率农田植被像元被城市像元侵占了；因此，城市化对农田植被的直接影响是由不透水面侵占造成的农田植被健康损失，若假设此时城市化对周边农田植被无间接影响，则该像元此时的农田植被健康状况可记为 C_{ni}。（c）表示受不透水面扩张的影响，有 11 个高分辨率农田植被像元不仅被不透水面像元侵占了，同时由于不透水面像元周边的农田植被受到了城市化的间接影响，在此基础上周边农田植被的健康状况进一步发生改变，在直接影响及间接影响的作用下，此时像元的农田植被健康状况为 C_{obs}。

（d）表示由于受城市化的直接影响，像元中的所有农田植被都被移除，此时的农田植被健康状况为 C_{nc}

式中，C_{obs} 是由遥感观测到或反演出的 CI 值；C_{fc} 是充满农田植被像元的 CI 值；C_{nc} 则代表无农田植被的像元的 CI 值；i 指城市间接影响系数；p 指城市化强度，由像素中不透水面的比例表征[10]。

首先，从 CLUD 提取与城市区域平均高程差不超过 50m 的农田像元，并重采样至 900m×900m 以构建边长为 30m 的滑动窗口。随后，基于并行扫描算法，使用构建好的边长为 900m 的农田扫描窗口，对 GlobeLand30 中的不透水面像元（分辨率为 30m）进行扫描，即计算落入基于 CLUD 创建的 900m×900m 农田窗口中的不透水表面及农田所占的百分比，后将所有的滑动窗口转化成栅格形式。为避免其他土地利用类型的干扰，本书仅提取出不透水面比率与农田比率之和高于 95% 的兴趣像素点，并将像素统一至 1km。

为了量化 9 个农业地区 CI 沿城乡梯度的变化规律，首先将 p 以 0.01 的步长等分成 100 个区间，然后对每个区间的 CI 进行加权平均。此时将被区间化的 p 记为 ISA。需要说明的是，选择 0.01 为步长主要是由于已有的研究表明 0.01 的步长既可以避免由于区间较少造成的信息缺失，也能够较为精准地刻画 CI 沿城乡梯度的动态变化[224,225]。后通过 3 次平均多项式拟合每个农业区域平均 CI 对 ISA 的响应曲线。

基于概念模型的假设，城市化对 CI 的间接影响可以分为以下 3 种情况。

当 $i = 0$，则意味着农田植被生长状况不会受到城市化的间接影响。在这种情况下，CI 值可以由 C_{ni} 表示。计算公式如下，由该公式可以绘制无影响线。

$$C_{ni} = (1 - p)C_{fc} + pC_{nc} \tag{3-6}$$

理想状况下，C_{fc} 可由 $i = 0$ 时对应的 CI 的加权平均值来计算，其代表 CI 没有受到城市化影响的情况。C_{nc} 可由当 $p=1$ 时对应的 CI 的加权平均值来计算，其代表完全城市化状况下的 CI 值。在本书中，该方程的参数 C_{fc} 可由 ISA 为 0 时的 CI 值求得。此外，已有多项研究表明不透水面比率高于 0.95 的像元可视为无植被影响像元[10,224,226-228]，故本书中 ISA$\in[0.95,1]$ 的加权平均 CI 作为 C_{nc} 的近似估计值。

当 $i > 0$，则意味着城市化对 CI 有积极影响，此时，C_{obs} 位于无影响线上方；当 $i<0$，则意味着城市化对 CI 有消极影响，此时，C_{obs} 位于无影响线下方。

城市化的直接影响（I_{direct}）只是城市不透水面扩张后 CI 的损失，如图 3-4 所示。可以计算为

$$I_{direct} = C_{fc} - C_{ni} \tag{3-7}$$

城市化的间接影响（$I_{indirect}$）是受城市化影响的 CI，如图 3-4 所示。可以计算

为

$$I_{\text{indirect}} = C_{\text{obs}} - C_{\text{ni}} \qquad (3\text{-}8)$$

相对间接影响系数（i）可计算为

$$i = \frac{I_{\text{indirect}}}{(1-p)C_{\text{fc}}} \qquad (3\text{-}9)$$

抵消系数（OC）可显示城市化的间接影响可以抵消（i 为正）或加剧（i 为负）由不透水面扩张对该像元的 CI 值造成的损失。

$$\text{OC} = \frac{C_{\text{obs}} - C_{\text{ni}}}{C_{\text{fc}} - C_{\text{ni}}} \times 100\% \qquad (3\text{-}10)$$

（五）偏最小二乘法

偏最小二乘法（PLS）回归不仅兼具了主成分分析和多元线性回归的优点，还在一定程度上克服了由预测变量的相关性导致的多元共线性[229,230]。近年来，该方法在植被变化归因[219]、植被物候变化[231,232]等研究中均有广泛的应用。本书采用 VIP 指数（variable importance index）及回归系数来分别量化影响因子对间接影响的重要性及方向性：VIP＞0.8，说明该影响因子对间接影响具一定的解释意义；VIP≥1，说明该影响因子对间接影响具有明显解释意义。有关 PLS 的具体计算过程请参考文献[233]。本书采用 PLS 研究城市化对城郊农田植被健康状况的间接影响（VHI indirect effect，简称 VHI IE）对重要的影响因子变化情况（简写 ΔF，包含 ΔSAT、ΔPREC、ΔSM）的响应。其中 VHI IE 的区域平均值作为响应变量，其算法在上节已经详细介绍过，这里不再赘述。影响因素 ΔF 作为自变量，其对应的算法如式（3-11）所示，即将 VHI IE 对应时段的 F 平均地表气温（SAT）、土壤湿度（SM）、降水（PREC）按照间隔为 0.01 步长、100 个分区各城市对 p 进行区间平均，求出对应区间的影响因子的平均值，记为 F_k。其中将 p 为 0 时的 F 的平均值作为背景因子值 F_0，依据此算法每个区间的 VHI IE 对应的自变量为 $\Delta F = F_k - F_0$，具体算法如下。

$$\Delta F = F_k - F_0 (k = 1, 2, \cdots, 100; r = \text{HHHP,MYP,NCP}) \qquad (3\text{-}11)$$

式中，F_k 代表第 k 个区间 F 的平均值；F_0 代表 p 为 0 时对应的背景 F 平均值；ΔF 代表受城市化影响 F 因子的变化程度；r 表示不同区域。当 F 表示影响因子 SAT 时，则 $\Delta F = \Delta$SAT，此时 ΔF（ΔSAT）表征热岛效应，在下面描述中用 UHI 代替。

PLS 模型系数与多元回归斜率相似，主要反映了 VHI IE 对各水热因子的敏感性，VIP≥1 时说明该水热因子对 VHI IE 具有显著的解释意义[230]。由于不同变量的数量级及单位均不同，故在进行 PLS 分析前应对所有变量进行去均值及标准化的处理。

（六）偏相关分析

由于不同的变量可能内部存在一定的相关关系，所以在研究单个变量与间接影响的相关关系时，需要削弱其他变量对它的影响[234]。因而本书中选用了偏相关分析方法来衡量间接影响与各水热因子（温度、降水及土壤水）的相关关系，该关系以偏相关系数（P_{cor}）来量化。

第二节　研究区概况

中国正经历快速的城市化发展，本书选择了中国 32 个具有代表性的重点城市及其周边区域（城市区域周边 30km 以内）作为典型研究区（图 3-5）。在 32 个重点城市中，除深圳外其余城市均为直辖市或省会城市，而深圳是中国仅有的 4 个超一线城市之一。大多数城郊的土地利用类型为农田，部分城市则被森林（如杭州、福州）或草原（拉萨）所包围[16]，且这些城市分布在中国不同气候背景下的 9 个典型农业区内，包括了北方干旱半干旱区（NASR）、东北平原区（NCP）、黄淮海平原区（HHHP）、黄土高原区（LP）、青藏高原区（QTP）、长江中下游平原区（MYP）、四川盆地及周边地区（SBSR）、云贵高原区（YGP）、华南区（SC）（表 3-1）。农业区的数据来源于中国科学院资源环境科学与数据中心（http://www.resdc.cn/）。为了尽量排除高程对探究城市化对农田植被影响的干扰，将海拔高于

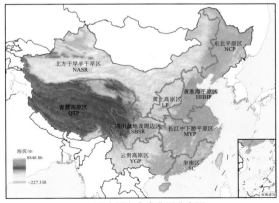

(a) 中国九大农业区分布图

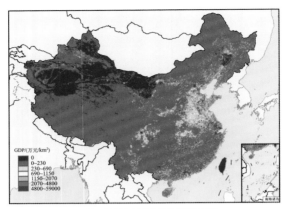

(b) 2010年中国GDP空间分布图

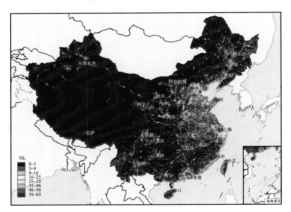

(c) 2010年中国夜间灯光空间分布图

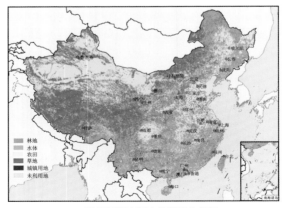

(d) 2010年中国土地利用分布图

图 3-5　研究区概况图

城市核心区最高点 50m 以上的像元排除。且将 9 个农业区按照各农业区的地理位置大致划分为北方农业区、南方农业区及高寒农业区。其中，北方农业区包括北方干旱半干旱区（NASR）、东北平原区（NCP）、黄淮海平原区（HHHP）、黄土高原区（LP）；高寒农业区包括青藏高原区（QTP）；南方农业区包括长江中下游平原区（MYP）、四川盆地及周边地区（SBSR）、云贵高原区（YGP）、华南区（SC）。

表 3-1　各农业区的缩写及其所包含的城市

地理分区	农业区	缩写	城市
	东北平原区	NCP	长春、哈尔滨、沈阳
北方农业区	北方干旱半干旱区	NASR	呼和浩特、兰州、乌鲁木齐、银川
	黄淮海平原区	HHHP	北京、济南、石家庄、天津、郑州
	黄土高原区	LP	太原、西安
高寒农业区	青藏高原区	QTP	拉萨、西宁
	长江中下游平原区	MYP	长沙、合肥、杭州、南昌、南京、上海、武汉
南方农业区	四川盆地及周边地区	SBSR	成都、重庆
	云贵高原区	YGP	贵阳、昆明、南宁
	华南区	SC	福州、广州、海口、深圳

第三节　城市化对农田植被健康的总体影响

植被健康指数（VHI）是表征植被健康及植被水热状况的综合指标，非常适用于预测农田植被损失[235]。如果该指数低于 40，则表明农作物可能会发生减产；如果该指数高于 60，则表明农作物有望获得较高的产量。城市化对农田植被健康的影响在不同的空间尺度具有不同的影响模式。在宏观尺度上，城市侵占农田是造成农田植被健康状况恶化最直接的影响方式。在微观尺度上，即单一农田像元尺度上，城市化对农田植被的影响包含城市化对农田植被的直接影响与间接影响。其中，直接影响通常是指不透水面扩张造成的农田植被的物理性损失，而间接影响则是通过不透水面及城市化引发的热岛效应、二氧化碳浓度升高、土壤湿度变化等局地气象、水文、土壤及大气组分变化导致的农田植被的生理变化。故在农田像元尺度上城市化对农田植被健康的总体影响为直接影响与间接影响的综合表征。下面本书将针对宏观及微观尺度上的城市化发展过程对农田植被的影响方式，综合探讨农田植被健康状况对城市化的多重响应规律。

一、城市侵占农田对植被健康的时空影响特征

　　为了综合理解城市侵占对农田植被的影响，本节研究首先从宏观上刻画了城市侵占农田对植被健康的总体影响。图 3-6 展示了 2000～2010 年，中国 VHI 在 3 种土地利用转换情景下的逐月线性变化率。其中，AU（农田用地转换为城市用地）情景下的 VHI 变化率代表了城市侵占农田对植被健康的总体影响；UU（土地利用类型始终是城市用地）及 AA（土地利用类型始终是农田用地）情景下的 VHI 变化率作为对照组，分别用于表征 2000～2010 年城市植被与农田植被健康状况的转变情况。显然，城市侵占农田导致了植被健康的整体状况下降，具体表现在 AU

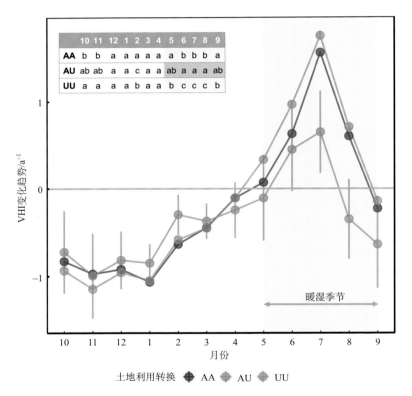

图 3-6　三种土地利用转换情景下的 VHI 月线性变化率

　　AA 表示在 2000～2010 年，土地利用类型一直是农田像元。AU 表示土地利用类型从 2000 年的农田像元转换为 2010 年的城市像元。UU 表示在 2000～2010 年，土地利用类型始终是城市像元。误差线代表 VHI 平均值的标准误差。图中的表格说明了 3 个土地利用变化矩阵下，植被健康指数变化趋势的方差分析。 表中相同的字母表示在 5％的水平上没有显著差异，而不同的字母表示在 5％的水平上有显著差异。在 3 个字母 a、b 和 c 中，a 是最小的，c 是最大的

情景下的 VHI 除 6、7 月外，VHI 线性变化率均为下降趋势。且在 6、7 月，AU 情景下 VHI 增加速率也显著低于 AA 与 UU。从 2000～2010 年 VHI 变化趋势年内波动情况来看，3 种土地利用转换类型下的 VHI 的总体振荡波动趋势一致，大致呈现"湿增干减"的总体规律，即在暖湿季（5～9 月），城市植被及农田植被的健康状况均转好。有趣的是，城市植被的 VHI 增长速率在 5～9 月均高于农田植被，这一方面可能是城市植被的植被覆盖率较低致使其本底值低[236]，造成增长速率相较于农田植被增加更快；另一方面可能是全球变暖、城市热岛及人为灌溉等多种因素的共同影响[10]。

　　图 3-7 与图 3-8 展示了 2000～2010 年，生长季（4～10 月）三种土地利用转换情景下（AA、AU、UU），9 个农业区平均 VHI 动态变化过程。虽然在气候波

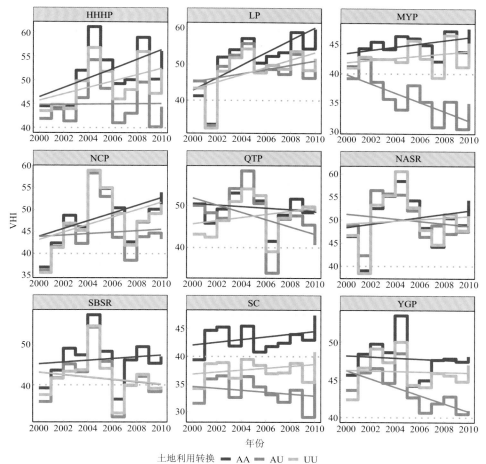

图 3-7　2000～2010 年生长季 3 种土地利用转换情景下的平均 VHI 动态变化

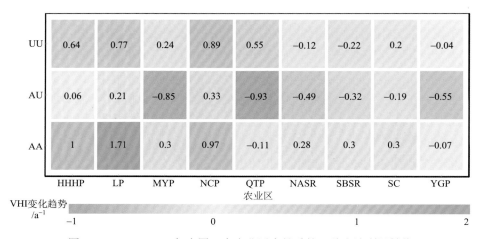

图 3-8　2000～2010 年中国 9 个农业区生长季的 3 种土地利用转换
情景下 VHI 线性变化率

动的主导作用及同一农业地区不同的土地利用转换情景下，VHI 均表现出较为相同的波动趋势，但在城市化不同阶段，VHI 对城市化的响应机制呈现出截然不同的模式（图 3-9）。在城市扩张初期，城市侵占造成农田面积损失，进而使 AU 情景下 VHI 表现出明显的退化，此时城市化对植被的综合影响为消极影响。具体表现为，AU 情景相较于 AA 情景，VHI 在 9 个农业区的逐年变化趋势降低 0.48～1.5a^{-1}。随着城市化稳定的发展，城市化与植被的关系逐渐由对立阶段转化为协调阶段[226]，66.7％的农业区在 UU 情景下 VHI 变化呈现出上升趋势，且多数农业区为北方农业区及高寒农业区（LP、NCP、QTP）、城市化发展较快地区（HHHP、MYP、SC），这同样反映出植被对城市化的积极适应与正反馈作用。

　　除了 QTP 和 YGP 在这 10 年中呈现出小幅下降的趋势（-0.11a^{-1} 和-0.07a^{-1}），AA 情景下的所有农业地区农田 VHI 均呈上升趋势，增长幅度为 0.28～1.71a^{-1}。农田植被状况的变好可能是人为因素（如人类土地利用管理、施肥、灌溉）和间接因素（如气候变化、CO_2 浓度上升、氮沉降）等共同导致的[236]。其中，气候变化和 CO_2 施肥效应似乎是主要的驱动因素。

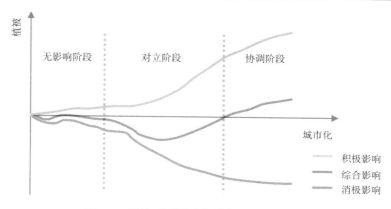

图 3-9 植被对不同阶段城市化的响应规律

引自：Net primary productivity（NPP）dynamics and associated urbanization driving forces in metropolitan areas: A case study in Beijing City, China[237]

二、城市化对农田植被健康的影响足迹

图 3-10 及图 3-11 分别绘制了中国 9 个农业区平均和各分区平均农田 ΔVHI 沿城乡梯度递变趋势，这种递变规律反映了城市化对中国主要都市城郊农田植被健康状况的总体影响足迹。表 3-2 展示了应用指数函数（ΔVHI = $A \times e^{-Bx} + C$）对农田 ΔVHI 沿城乡梯度变化情况的拟合结果。其中 B 为农田 ΔVHI 的递变率，C 为指数函数拟合的渐近值，$A+C$ 为理论农田 ΔVHI 最大值。从 ΔVHI 沿城乡梯度的变化规律来看，城市化对全国农业区平均城郊农田植被健康状况整体呈现负面影响，且这种负面影响足迹沿着城乡梯度呈显著指数型衰减（R^2=0.798, P<0.001），平均递变率为 0.0654。在 9 个农业区中，除受海拔及区域气候限制农田资源较少的 QTP 地区外，其余 8 个农业区单位农田植被健康状况沿城乡梯度呈指数型递增（P<0.01）。虽然这 8 个农业区的 VHI 均沿城乡梯度呈指数型递增，但拟合效果与递变率在空间上具有较为明显的分异。在中国较为重要的东北平原区（NCP）、黄淮海平原区（HHHP）、长江中下游平原区（MYP）及四川盆地区（SBSR），由于城郊农田分布相较于其他城市连续性及密集度较高，故拟合情况较好（R^2=0.967 [0.926（最小值）、0.992（最大值）], P<0.01），而农田分布较为稀疏的 LP、NASR、YGP 及 SC 的拟合情况虽然通过了显著性检验（P<0.01），但相较于农田密集区（NCP、HHHP、MYP、SBSR）的拟合效果相对不理想（R^2=0.747[0.652,0.875]）。

递变率刻画了 ΔVHI 沿城乡梯度变化速率的快慢，同时也从侧面反映出城市化对城市农田植被健康的影响范围，各农业区的递变率具有较为明显的空间分异

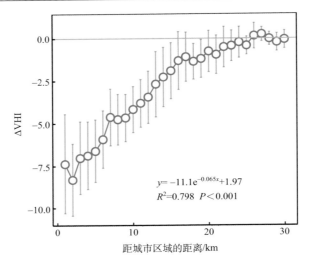

$$y = -11.1e^{-0.065x} + 1.97$$
$$R^2 = 0.798 \quad P < 0.001$$

图 3-10　中国 9 个农业区平均农田 ΔVHI 沿城乡梯度递变趋势

ΔVHI 定义为相对于未受影响农村地区的植被健康指数差异；误差线代表标准差

性。在城市化发展较快的 SC、SBSR、HHHP、MYP 农业区的递变率较其他农业区相对较小，递变率分别为 0.0097、0.0202、0.043、0.0697，这从侧面反映城市化对城郊农田植被健康状况的影响范围与城市化程度有一定的联系。其中 SC、SBSR、MYP 农业区的递变率均小于全国农业区总体递变率 0.0654。而城市化程度相对较低的农业区 YGP、NCP、NASR、QTP、LP 的递变率相较全国农业区平均递变率提高了 65.20%（YGP）～276.15%（LP）。

　　此外，城市化对农田植被健康状况的影响足迹也因城市化发展程度及城市所在地理位置而具有显著差异。由于 QTP 的农田资源稀少，故生成的缓冲区仅有 10 环，与其他农业区无明显对比价值，故在此不做讨论。在其余的 8 个农业区中，所有的农业区的 FP（城市化的影响范围）均大于 16km，其中有 6 个农业区（MYP、HHHP、SBSR、LP、YGP、NASR）的 FP 大于通常被判定为远郊区范围的 20km，有 5 个农业区的 FP 高于或等于全国平均 FP（26km）。这一方面证明了城市化对城郊农田的植被健康具有广泛的影响，另一方面也表明了在通过缓冲区方法研究城市化对植被特征影响时应设置足够多的缓冲区，以避免低估城市化对植被的影响。

　　为了量化城市化对城郊农田植被的最大影响，本书通过指数函数拟合（MI_{est}）与遥感观测的 MI 值（MI_{obs}）分别计算了城市化对城郊农田植被 VHI 的最大差异值（ΔVHI_{max}）。其中 MI_{est} 通过计算 x 趋近于 0 时的极限值求出，MI_{obs} 为不同缓冲区中 ΔVHI 绝对值的最大值。由表 3-2 可知 MI_{est} 与 MI_{obs} 监测到 ΔVHI_{max} 表现出高度一致性（Cor>0.912，*P*<0.01），这说明指数函数能够较好地刻画城市化对VHI 的影响，这与以往类似的研究结果具有一致性，且大多数研究选用 MI_{est} 作为量化研究对象城乡最大差异性的指标[16]。但是由于 QTP 无法用指数函数较好地拟合，故 QTP 的 MI_{est} 与 MI_{obs} 存在着较大的差异。为了保证研究的一致性，我们采用 MI_{obs} 作为监测 ΔVHI_{max} 的指标。

在全国尺度上，9 个农业区的平均 ΔVHI_{max} 为–8.32，相较于背景 VHI 值降低了约 22.28%。在区域尺度上，9 个农业区的 ΔVHI_{max} 介于–4.89 与–13.80 之间，单位农田植被的 VHI 值相较于背景 VHI 降低了 7.33%～49.24%。在 9 个农业区中，有 5 个农业区（MYP、HHHP、LP、YGP、QTP）的 ΔVHI_{max} 高于全国平均水平。这些单位农田健康状况降低较为显著的区域主要为两类。一类为城市化发展较快的（MYP、HHHP），另一类为中国的生态脆弱区（LP、YGP、QTP）。

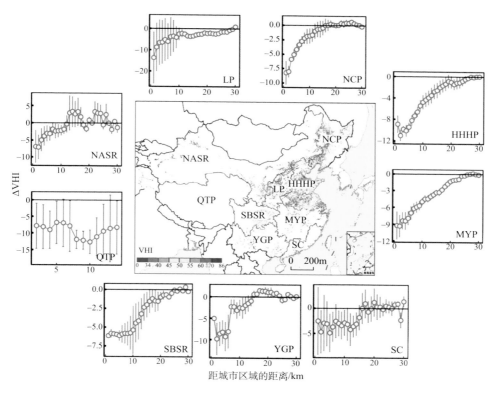

图 3-11　中国 9 个农业区城郊 ΔVHI 沿城乡梯度的变化足迹

表 3-2　中国 9 个农业区城市化对城郊农田植被健康状况的影响足迹的拟合方程及其相关参数

农业区	R^2	P	A	B	C	FP	MI$_{est}$	MI$_{obs}$	MD/%	拟合方程
MYP	0.992	0	−15	0.043	4.65	26	−10.35	−9.34	−28.78	$y = -15e^{-0.043x} + 4.65$
NCP	0.989	0	−10.9	0.17	0.448	16	−10.45	−8.25	−16.65	$y = -10.9e^{-0.17x} + 0.448$
HHHP	0.962	0	−14.7	0.0697	2.25	27	−12.45	−11.02	−25.53	$y = -14.7e^{-0.0697x} + 2.25$
SBSR	0.926	0	−18	0.0202	10.5	25	−7.50	−6.16	−12.78	$y = -18e^{-0.0202x} + 10.5$
LP	0.875	0	−13.1	0.246	−1.83	29	−14.93	−13.80	−49.24	$y = -13.1e^{-0.246x} - 1.83$
YGP	0.784	0	−12.6	0.11	1.55	28	−11.05	−9.85	−7.33	$y = -12.6e^{-0.11x} + 1.55$
NASR	0.676	0	−10.8	0.182	1.16	21	−9.64	−7.08	−14.38	$y = -10.8e^{-0.182x} + 1.16$
SC	0.652	0	−21.7	0.0097	17.2	16	−4.50	−4.89	−16.17	$y = -21.7e^{-0.0097x} + 17.2$
QTP	0.202	0.324	4.82	0.233	−10.3	—	−5.48	−12.63	−29.00	$y = 4.82e^{-0.233x} - 10.3$
总体	0.978	0	−11.1	0.0654	1.97	26	−9.13	−8.32	−22.28	$y = -11.1e^{-0.065x} + 1.97$

　　注：各农业区的 ΔVHI 均采用 $\Delta VHI = A \times e^{-Bx} + C$（指数函数）来拟合，其中 $A+C$ 表示由指数函数拟合的城乡农田植被健康状况最大差异值，B 是递变率，C 指数趋势可以达到的渐近值。FP 为城市化的影响范围；MI$_{est}$ 由 $A+C$ 计算得来，代表理论条件下最大 ΔVHI；MI$_{obs}$ 代表实际观测中的 ΔVHI 的最大值；MD 表示 MI$_{obs}$ 相较于背景农田 VHI 减少的百分比。—表示城市化影响不显著

三、自然因子与城市因子及其耦合效应对农田植被健康的影响

　　为了量化城市因子、自然因子及其耦合效应对城郊农田植被健康状况的空间分异造成的影响，明晰城郊农田 VHI 主要空间驱动力，本书选择了地理探测器中的因子探测器及交互作用探测器分别量化不同类型影响因子（自然因子、城市因子）及其相互作用对城郊农田植被 VHI 的解释力。近年来，地理探测器已被广泛用于土地利用、公共卫生、区域规划、人口分布和生态环境等领域[222]。本书所选择的影响因子主要包括自然因子及城市因子两大类。其中自然因子主要包括与农田植被健康状况最相关的温度、光照和水分因子。刻画温度因子的指数包括白天地表温度（DT）、夜间地表温度（NT）、昼夜温差（DMN）、地表气温（SAT）。光照因子由光合有效辐射（PAR）表征。水分因子包含降水量（PREC）和年平均土壤湿度（SM）。城市因子主要选择不透水面比率（ISA）和夜间灯光数据（NL）。其中 ISA 指数是常见的用来反映城市化发展程度的指标，而 NL 常被用作表征城市热排放量的代替指标[208]。

　　此外，为了比较不同地区不同因素对城郊农田植被健康的相对重要性，在地理探测器定义的 q 的基础上，本书定义了相对解释率（q_{rk}）。计算公式如下：

$$q_{rk} = \frac{q_k}{\sum\limits_{i=1}^{n} q_i} \qquad (3\text{-}12)$$

式中，q_k 表示第 k 个因子解释了 VHI 的 $100 \times q_k$%；i 表示第 i 个因子；q_i 表示第 i 个因子解释了 VHI 的 $100 \times q_i$%；n 代表影响因子总个数。

从图 3-12 可以清楚地看出，在城市化发展较为迅速、气候背景相对温暖潮湿的中国东部地区（HHHP、MYP、SC、YGP、SBSR），NL 是塑造城郊农田 VHI 空间格局重要的控制因素，在这些区域中 NL 的相对解释率在 0.18（MYP）和 0.29（SBSR）之间。有趣的是，尽管在城市化发展最快的农业区（HHHP、SC、MYP）中，NL 是关键的城市因素，但 ISA 的相对解释能力仍然较低，可能的原因是城

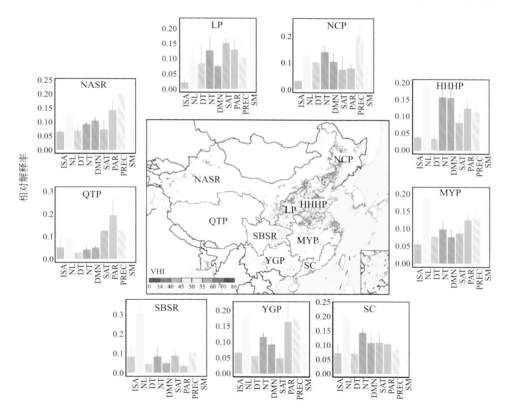

图 3-12　各种影响因素对农田 VHI 的相对解释能力

ISA：不透水面比率；　　NL：夜间灯光；　　DT：白天地表温度；　　NT：夜间地表温度；　　DMN：昼夜温差；　　SAT：地表气温；　　PAR：光合有效辐射；　　PREC：降水；　　SM：年平均土壤温度

市周围大部分农田像元的 ISA 较小，致使其对 VHI 的影响很小。而城郊的农田区域受城市人为热排放及温室气体的影响，致使城郊区域局部热力循环及碳循环发生了改变，进而间接影响了城郊农田植被健康状况。

从总体影响来看，在城市化进程相对较慢、气候条件相对较为干冷的地区（LP、NASR、QTP、NCP），湿度因子（PREC、SM）是控制城郊农田 VHI 总体空间分异最关键的因素。PREC 和 SM 的相对解释率之和在 0.32（LP）和 0.40（QTP）之间。其他自然因素在影响 VHI 的空间变化中也起着关键作用，其相对解释率均在 0.05 以上（$P<0.01$），这表明适当的有效辐射量、空气和土壤温度对控制农田植被的光合作用和呼吸作用具有积极作用，并为农田植被的生长发育提供了良好的条件，是保障农田植被健康生长的基本条件。以上结果表明，在城市化相对较慢的中国西部地区，城郊单位农田植被健康状况的空间分异主要受自然因子中的湿度因子主导，而在中国城市化相对较快的东部地区，城市因素是控制城郊总体农田植被健康状况空间分异的主导因素。

此外，为了探究城市化与自然因素的耦合效应对城郊单位农田植被健康状况空间分异的解释力，本书使用地理探测器中的交互检测模块来进行城市因子与自然因子的交互作用。如图 3-13 所示，城市因子（UF）与自然因子（NF）交互作用对城郊农田 VHI 的解释力表现出明显的空间分异。

尽管在所有农业地区，每个城市因素与其他单个自然因素之间相互作用的解释力都高于单个影响因素，但快速城市化地区的促进作用更为强烈（图 3-13）。例如，在城市化发展较快的地区 MYP、SC 的 $q_{ISA\_interaction}$ 分别为 0.140 及 0.139，是其他农业地区 $q_{ISA\_interaction}$ 的 2.62[1.68，3.75]倍、2.64[1.70，3.78]倍。MYP 和 SC 的 $q_{NL\_interaction}$ 分别为 0.450、0.382，分别是其他农业地区 $q_{NL\_interaction}$ 的 2.57[1.68，3.75]倍、2.57[1.17，3.07]倍，反映了城市因子与自然因子的叠加能够加强它们单独对城郊农田 VHI 的影响。

从交互作用类型来看，除 HHHP、NCP 和 NASR 外，在大多数农业地区中，城市因素与自然因素之间的交互作用模式主要为双因子增强作用，双因子增强的百分比均大于 50%[53.33%，100.00%]（图 3-13）。其他农业区（HHHP、NCP、NASR）的城市因子与自然因子的交互效应则表现出非线性协同作用。

以上结果表明，城市因子与自然因子在塑造城郊农田 VHI 的空间格局变化中起着关键作用，两者的叠加能够更好地刻画城郊农田植被状况的空间分异性，最多可使 q 增加 45%。故城市因子与自然因子的互馈效应对农田植被健康状况的影响不应被忽略。

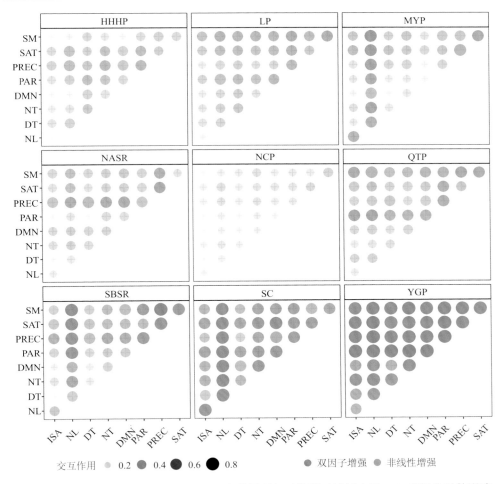

图 3-13　中国 9 个农业地区城市因子、自然因子相互作用对城郊农田 VHI 空间分异的影响

城市因子包括 ISA 和 NL；自然因子包括 DT、NT、DMN、SAT、PAR、PREC、SM

第四节　城市化对农田植被健康的间接影响

如图 3-14 所示，除农田分布较为稀疏的 QTP 外，其他所有农业区的农田 VHI 均随城市化强度（ISA）的增加而减少，这反映出农田植被的总体健康状况对城市化发展表现出明显的负反馈。但城市化对农田 VHI 的间接影响几乎是积极的，特别是在地理位置靠近或位于北方的农业区（HHHP、LP、NASR、NCP），这一结论可以通过这些区域大部分的 VHI 监测点散落于黄线上方来证明。同时，大部分位于黄线上方的 VHI 点距离黄线的距离随着 ISA 的增大而增大，这表明城市化

对城郊农田植被健康状况的积极影响与城市化强度成正比。此外，农田 VHI 的背景值（红线）在不同气候背景下的农业区表现出较为明显的差异性。有趣的是，较大的农田 VHI 出现在 NASR（60）和 NCP（57.5），而这两个农业区是过去 20 年来农田大量增加、农业政策倾斜、农业技术投入最大的农业区[238]，这反映出人为管理对农田植被健康状况调控的重要性。

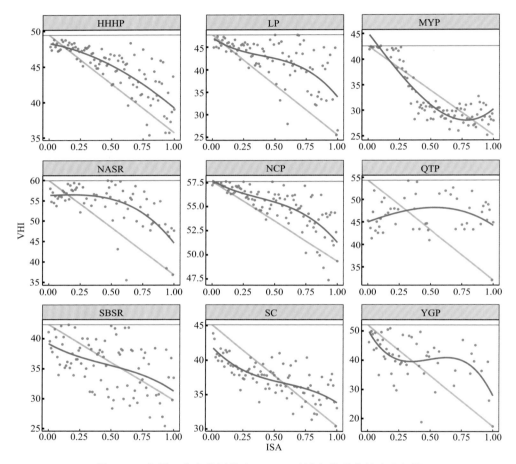

图 3-14　中国 9 个农业区的农田 VHI 对城市化强度的响应规律

绿点、蓝线、红线和黄线分别代表遥感反演的农田 VHI 值（C_{obs}）、基于 3 次多项式拟合的回归曲线、无城市化影响下的农田 VHI 值（C_{fc}）和基于线性回归拟合的曲线

图 3-15 展示了城市化对城郊农田（AL）及非农田（N_AL，包括林地、草地）植被健康状况的间接影响（VHI IE）随 ISA 增加的变化态势。显然，在除了 MYP 外，其余的 8 个农业区 AL 及 N_AL 背景下的 VHI IE 均对 ISA 的增长表现出明显

的正反馈，即 VHI IE 随 ISA 的增加而增加。而 MYP 的 VHI IE 随 ISA 的增长呈现出先降低后升高的变化特征，造成该变化趋势与其他区有较为明显差异的原因将在下一节详细地探讨。此外，在所有农业区，AL 的 VHI IE 均明显大于 N_AL 的 VHI IE，主要原因可能是由于农田受到较大的人为干预，如灌溉及施肥等措施，其整体健康状况转好情况要优于受自然调控为主的林地及草地。

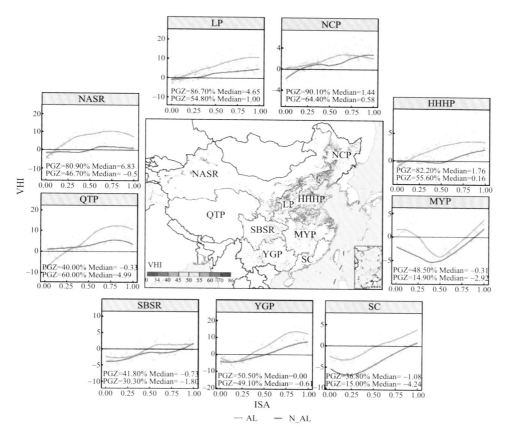

图 3-15　中国 9 个农业区的城市化对不同土地利用类型的 VHI 的间接影响对 ISA 的响应规律
PGZ 指 VHI IE 大于零的比例；Median 指 VHI IE 的中位数；AL：农田；N_AL：林地及草地

　　为了对比不同区域农田 VHI IE 的影响区间范围及影响强度，本书引入了农田 VHI IE 大于零的比例（PGZ）及农田 VHI IE 的中位数（Median）两个变量来分别量化。不难看出，9 个农业区农田 VHI IE 的 PGZ 和 Median 均表现出明显的南北分异，具体表现为：北方农业区（HHHP、LP、NASR、NCP）农田 VHI IE 的 PGZ 均大于 80%，数值为 80.90%（NASR）～90.10%（NCP）。此外，在该地理分区中农田 VHI IE 的中位数为 1.44（NCP）～6.83（NASR）。相反，城市化对南方农业区（MYP、SBSR、SC、YGP）农田 VHI IE 表现出相对不利的影响，其 PGZ 大都低于 50%，Median 也均不大于 0。南方农业区的农田 VHI IE 最小的 PGZ 和 Median 均出现在农田受城市化影响较大、农田资源相对较少的 SC 农业区。此外，由于 QTP 属于高寒农业区，故其光照、水分、热量条件与其他地区大不相同，因此对其单独进行了分析。可以看出，随着 ISA 的增加，QTP 的农田 VHI IE 从 −10 增加到 10，此外其 PGZ 和 Median 分别高于 50% 和 0。以上所有现象表明，城市化的间接影响虽然有利于城郊农田植被健康生长，但这种影响仍受自然地理背景的制约，具有明显的空间分异性，呈现明显的"南负北正"规律。

为了量化城市化的间接影响可以抵消多少由于不透水面扩张造成的农田植被物理性健康损失，图 3-16 显示不同土地利用类型下的 VHI 抵消系数（VHI OC）随 ISA 的递变规律。无论从影响区间范围及影响强度，还是从沿城市化强度变化趋势来看，VHI OC 在整体空间格局上同样也显示出显著的"南弱北强"的现象。在影响区间范围及影响强度上，北方农业区（HHHP、LP、NASR、NCP）农田 VHI OC 的 PGZ 均达到 85% 以上，范围为 86.20%（NASR）～90.60%（NCP）。此外，北方农业区中所有城市化农田子区间农田 VHI OC 的 Median 均大于 0，且介于 0.33（HHHP）～0.50（NASR、LP）。整个北方农业区的农田 VHI OC 平均 Median 为 0.44，由此表明在北方农业区，城市化的间接影响能够抵消掉约 44% 的由于不透水面扩张对农田植被健康状况造成的负面影响。此外，QTP 的农田 VHI OC 也显示为正值，其中 PGZ 为 75.70%，Median 为 0.51。与北方农业区相比，城市化对南方农业区（MYP、SBSR、SC、YGP）的农田植被健康状况显示出相对不利的影响，其中 PGZ 均低于 64%，Median 均低于 0.3。而南方农业地区农田 VHI OC 最低的 PGZ（44.40%）和 Median（−0.05）均出现在南方农业区中城市化发展最快的 MYP。此外，QTP 的农田 VHI OC 的 PGZ 与 Median 分别是南方农业区各指标平均值的 1.42 和 8.16 倍。

以上结果都证明，城市化对农田植被健康状况的促进作用在气候相对较为干冷的北方农业区及青藏高原区更为明显。虽然，在 ISA 较低时（ISA<0.5），南方农业区农田 VHI OC 多为负值，但随着 ISA 的增长，某些区域（SC、YGP、SBSR）的农田 VHI OC 由负转正。总的来说，城市化的间接作用对城郊的农田植被的健康状况产生了显著的积极影响，特别是在气候背景较为干冷的农业区，这与其他研究中的结论较为一致[217,218,239]。这可能是由于气候较为干旱的北方区在灌溉的影响下减轻了城郊的干旱压力，而城市化导致城郊农田气温及 CO_2 浓度增加，使城郊的农田区变成了"天然温室"，进而促使靠近城市的农田植被的健康状况相较

远郊区更好。而在较为温暖湿润的南方农业区，较高的背景温度叠加热岛效应，可能增加局地干旱、热浪、极端降水、洪水、杂草、病虫害的发生频率和强度，进而导致农田植被健康状况变差[27,206,240,241]。

　　综上所述，城市化对农田植被健康状况的影响具有显著的空间分异性。在气候条件相对干燥和寒冷的中国北方农业区，城市化对城郊的农田植被健康状况间接呈现积极的影响。而在气候条件相对潮湿和温暖的南方农业区，城市化对城郊农田植被的间接影响呈现负面效应。

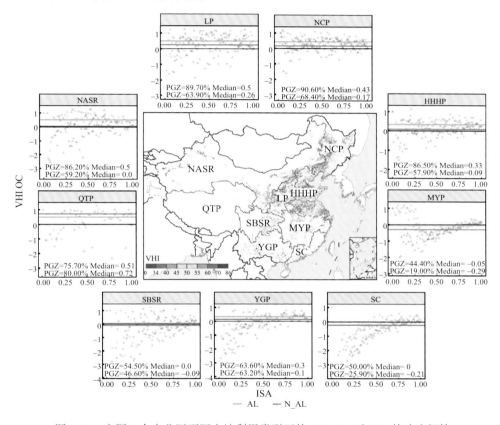

图3-16　中国9个农业区不同土地利用类型下的VHI OC对ISA的响应规律

第五节　城郊水热条件变化与间接影响的相关关系

一、识别不同农业区诱发间接影响的重要水热因子

　　不透水面的扩张是造成城郊农田植被减少的直接影响，但是造成农田 VHI

间接影响（VHI IE）的主要原因尚未定论，仍有待进一步探讨[242]。局部微气候通过复杂的途径影响农田植被的生长健康状况。其中最直接的影响因素即为气温与降水[243-245]。这两个变量已被公认为是影响农田植被生长的最主要气候因素[79,96,246-248]，而土壤水则是农田植被生长最重要的水分来源。三者共同决定了城郊农田区域的水热状况。为了定量探究不同气候背景下城市化的局地水热状况变化与农田 VHI IE 的量化关系，本书首先基于偏最小二乘法（PLS）评估了上述各影响因素对于城郊农田 VHI IE 的重要性及方向性（图 3-17）。不难看出，在不同的农业区主导因子具有明显的差异性。由图 3-17（a）的 VIP 系数可以看出，在受灌溉影响较大的 HHHP 及 NCP，UHI 的 VIP 分别为 1.4 及 1.51，均显著大于 1，这表明了城郊气温变化是导致该区域农田 VHI IE 变化的主要原因。而在雨水较为充沛，受灌溉影响较小的 MYP 区，土壤水变化则是导致农田 VHI IE 变化的主要原因（$VIP_{SM}=1.7$）。有趣的是，在中国最著名的三大农业区（HHHP、MYP、NCP），降水均不是导致农田 VHI IE 沿城乡梯度变化的重要因素，这与 Guan 等[242]的研究结果一致。此外，一些模型结果也表明，在区域范围内，气温变化比降水变化对农田植被的生长更为重要[246,249]。

图 3-17（b）展示了不同农业区 PLS 的回归系数。从不同区域的回归系数来看，HHHP 及 NCP 区 UHI 的回归系数为正，MYP 的回归系数为负，但数值较小，仅为–0.05，这也反映出在 MYP 区地表气温的变化并不能较为有效地解释农田 VHI IE 沿城乡梯度的变化情况。但在该区域 ΔSM 的回归系数为 0.58，且相较于其他影响因子的回归系数数值较大，同样反映了在 MYP 区，土壤水的变化情况相较于气温及降水能够更好地解释农田 VHI IE 沿城乡梯度的变化情况。

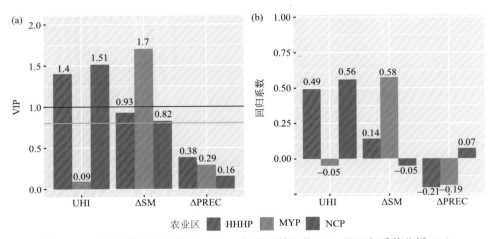

图 3-17　不同水热因子对农田 VHI IE 的重要性评价（a）及回归系数分析（b）

　　为进一步刻画不同影响因子变化情况对农田 VHI IE 的量化关系，排除由于影响因子间的共线性而导致的结果偏差，本书采用偏相关分析算法构建了不同农业区的农田 VHI IE 与各水热因子变化情况的偏相关矩阵（图 3-18）。从偏相关矩阵来看，在 HHHP、NCP 区，农田 VHI IE 与气温变化（UHI）偏相关系数分别为 0.45、0.43，呈显著正相关（$P<0.001$），但其与降水变化及土壤水变化相关性较低，均小于 0.3。而在 MYP 区，土壤湿度与农田 VHI IE 呈显著正相关（$P<0.001$，$P_{cor}=0.57$），气温变化与农田 VHI IE 的相关性较低（$P_{cor}=-0.05$）。此外，在这 3 个区域，农田 VHI IE 与降水格局的变化情况呈显著但微弱的相关性，偏相关系数均小于 0.25。但在 HHHP 与 MYP 的相关性通过了显著性检验，这反映出在这两个区域降水格局的变化仍对农田 VHI IE 沿城乡梯度的变化起着一定的塑造作用。

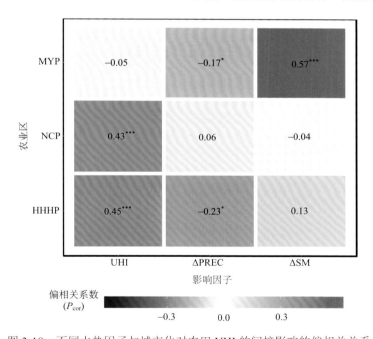

图 3-18　不同水热因子与城市化对农田 VHI 的间接影响的偏相关关系

***、**、* 分别代表影响因子与农田 VHI IE 的偏相关关系通过了 P 为 0.001、0.05、0.1 等级的显著性检验。无* 代表影响因子与农田 VHI IE 的偏相关关系未通过显著性检验

　　以上结果虽然从整体上解释了不同因子在不同区域的重要性及影响的方向性，但是无法具体观察到不同影响因子沿城乡梯度的变化情况，以及农田 VHI IE 随各水热因子的变化规律。故将在后面小节中详细阐述农田 VHI IE 与各水热因子变化之间的量化关系。

二、热岛效应与城郊农田植被健康间接变化的相关关系

图 3-19（a）、（b）分别展示了农田 VHI 间接影响（VHIIE）及热岛效应（UHI）随城市强度增长的变化规律。总体来看，3 个区域 UHI 的 PGZ 均大于 80%。且在 HHHP 及 NCP 区，UHI 的 PGZ 均大于 95%，这反映出 3 个农业区城郊的农田均表现出较为显著的热岛效应。但 NCP 的热岛效应相较于其他区域较为强烈，其 UHI 的中位数为 MYP 及 HHHP 的 2.3～3.3 倍。此外，不同区域的 UHI 均与 ISA 呈正比，斜率为 0.892（HHHP）～0.982（MYP）。

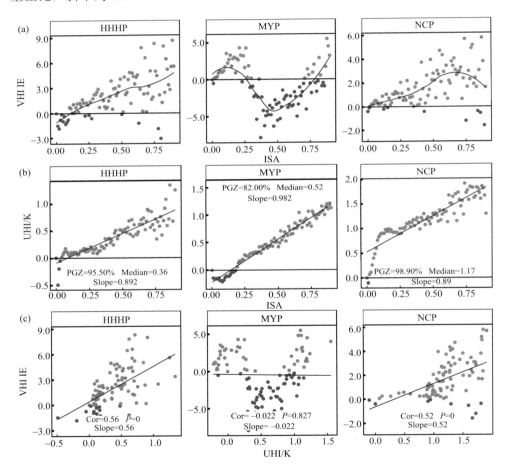

图 3-19　城市化对农田 VHI 的间接影响与气温变化的相关关系

（a）城市化对农田 VHI 的间接影响随 ISA 增长的变化趋势；（b）UHI 随 ISA 增长的变化趋势；（c）UHI 与城市化对农田 VHI 的间接影响的回归关系

图 3-19（c）展示了农田 VHI IE 对气温变化的响应规律。不难看出，在气候背景较为干冷的 HHHP 及 NCP 区，农田 VHI IE 与 UHI 呈显著的正相关（$P<0.01$），相关系数均高于 0.5。但在气候相对湿润的 MYP 区，两者的相关性仅为−0.022，且未通过显著性检验。这与上一小节的结论相近，同样表明热岛效应对农田植被的促进作用具有显著的空间异质性。

综上所述，城市化引起的局部增温对农田植被的健康状况产生积极的间接影响且具有较为明显的空间异质性。而热岛效应对农田植被健康状况的促进作用在对气候较为干冷、纬度较高的区域较为显著。造成这种空间差异的原因可能是，在较为干冷的地区，气温的升高能够提高光合酶的活性，促进叶片的光合作用，降低叶绿素退化速率，进而促使城郊农田植被的健康状况转好[232,250]。而在气候条件相对暖湿的农业区，当地热量充沛，气温已经比较适合农田植被生长，此时热岛效应导致的气温上升无法继续促使农田植被的生长，甚至可能造成大气需水量增加，进而引发饱和水汽压差增大，加快了地表蒸散发过程，产生额外的水分胁迫，从而降低土壤湿度，对农田植被的健康状况造成不利影响[251,252]。

三、城市干湿岛与城郊农田植被健康间接变化的相关关系

土壤水状况是农田植被生长环境的核心。合适的土壤水能够提高农田植被水分利用率，有利于农田植被健康地生长发育。降水是土壤水的重要来源，对农田植被的健康生长至关重要，是对农田植被生长过程模拟重要的预测参数[253]。与自然植被不同，农田植被的土壤水状况除了受到降水的调控以外，人工灌溉也是非常重要的土壤水补充来源，特别是在气候较为干旱的地区。而降水与灌溉对城郊农田植被的间接影响起着怎样的调节作用仍有待进一步探究。为了回答这个问题，图 3-20 及图 3-21 分别描绘了降水及土壤湿度随 ISA 增大的变化过程及其与农田 VHI IE 的回归关系。

总体来看，三大农业区 ΔPREC 的 PGZ 均接近 0，这反映出城市化引发的“干岛效应”在城郊的农田区域仍显著发生。然而，在不同区域城郊农田区的干岛效应随城市强度变化的态势具有明显的差异。HHHP 及 NCP 的 ΔPREC 随城市强度的增强表现出“平稳振荡型”态势，具体表现为两个区域的 ΔPREC 分别在−6.5mm 及−36mm 左右振荡，斜率（slope）均小于 0.07。而在 MYP 的“干岛效应”随着随城市强度的增强表现出“稳步增强型”，即随着城市强度的增大而逐渐增强（Slope=−0.676，$P<0.01$）。这主要是由于城市化发展伴随的城市扩张致使城市及其城郊区域大量的植被、水体被转化为不透水面，例如道路和建筑物[254]，从而导致

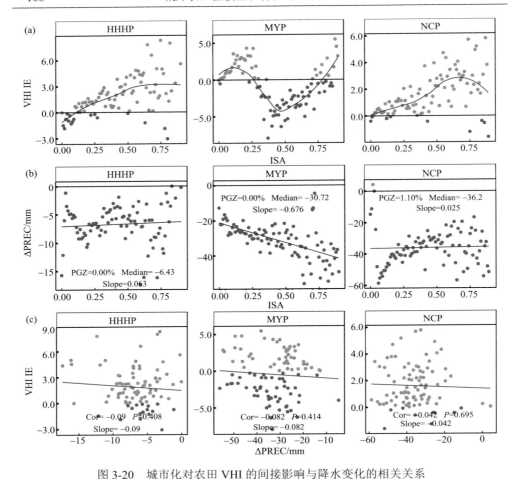

图 3-20　城市化对农田 VHI 的间接影响与降水变化的相关关系

（a）城市化对农田 VHI 的间接影响随 ISA 增长的变化趋势；（b）ΔPREC 随 ISA 增长的变化趋势；（c）ΔPREC 与城市化对农田 VHI 的间接影响的回归关系

蒸散量减少，更多的表面吸收辐射热传导方式由潜热为主转为显热传输为主[156,255]。因此，透水地表输出水蒸气量减少，进而导致受城市化影响区域大气湿度降低[256,257]。此外，城市化还会引发水汽压亏缺（VPD）[258]，而大气需水量与 VPD 有直接关系，VPD 也通过影响土壤电导率进而影响蒸发过程[259]。此外，VPD 对气温变化高度敏感，因此在 UHI 的影响下，VPD 可能会增强[260-264]。以上原因综合导致城郊农田区域大气含水量降低，从而引发了城郊的"干岛效应"。

此外，在这 3 个区域农田 VHI IE 与降水变化均不显著相关（|Cor|<0.1，P>0.4）。这也间接表明了降水格局的变化不是导致间接影响发生的主要原因之一。

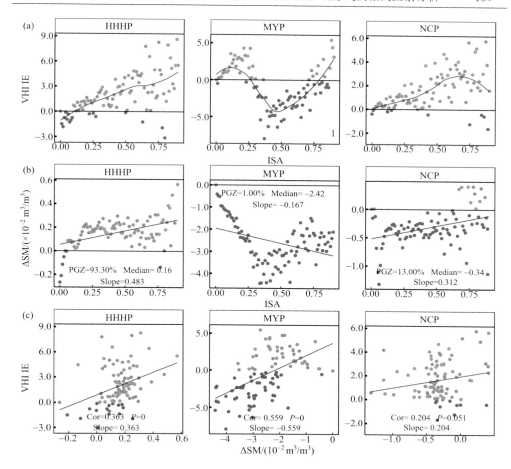

图 3-21　城市化对农田 VHI 的间接影响与土壤湿度的相关关系

（a）城市化对农田 VHI 的间接影响随 ISA 增长的变化趋势；（b）ΔSM 随 ISA 增长的变化趋势；（c）ΔSM 与城市化对农田 VHI 的间接影响的回归关系

　　虽然城市化诱发的降水格局变化并非引起农田 VHI IE 沿城乡梯度变化的主要原因，但与之密切联系的土壤水却与农田 VHI IE 表现出显著的相关性。从农田 VHI IE 与 ΔSM 沿城乡梯度变化的规律来看，3 个农业区的城郊农田 VHI IE 与 ΔSM 的波动趋势表现出明显的一致性。在 HHHP 及 NCP 区，农田 VHI IE 及 ΔSM 均随着 ISA 的增大呈上升趋势。而在 MYP，农田 VHI IE 及 ΔSM 随着 ISA 的增大呈现出先降低后升高的规律，最低点也均在 ISA 为 0.4 附近，这表明两者在城乡梯度上具有较强的一致性。不仅如此，3 个区域的农田 VHI IE 均与 ΔSM 呈现较为显著的正相关，但相关性表现出一定的区域差异。相较于 HHHP 与 NCP，土壤水分变化对 MYP 的农田 VHI IE 变化更为显著。MYP 区的 ΔSM 与农田 VHI IE

的相关性系数分别为 HHHP 与 NCP 的 1.54～2.74 倍。此外 MYP 区的 ΔSM 变化幅度相较于其他两个区域较为显著。这一方面可能是由于 HHHP 及 NCP 受到灌溉的影响，ΔSM 沿城乡梯度差异不大。另一方面 MYP 区由于降水较为充沛，受人为灌溉调控较少，因而受城市干岛、热岛效应等局部微气候变化对土壤水的影响较大。

第六节　本 章 小 结

本章基于植被健康指数（VHI）数据集，利用土地利用转移矩阵法、缓冲区分析法、城市化间接影响量化框架，综合探究了农田植被健康状况对不同形式的城市化影响方式的响应规律。在此基础上，基于地理探测器探测了自然因子、城市因子及其交互作用对单位农田植被健康状况的解释程度。并以中国 3 大农业区为典型案例，应用偏最小二乘法、偏相关回归以及区间对比法综合探讨了城市化诱发的城郊水热因子变化与城郊农田植被健康状况变化情况的相关关系。主要结论如下。

（1）在城市扩张初期，城市侵占造成农田面积损失致使植被健康状况表现出明显的退化。AU 情景相较于 AA 情景，VHI 在 9 个农业区在 2000～2010 年逐年变化趋势降低 $0.48～1.5a^{-1}$。随着城市化稳定的发展，城市化与植被的关系逐渐由对立阶段转化为协调阶段，66.7%的农业区在 UU 情景下 VHI 变化呈现出上升趋势。

（2）全国农业区的平均 VHI 及各区平均 VHI 均沿着城乡梯度呈显著指数型递增（R^2=0.798, P<0.001），且在中国较为重要的东北平原区（NCP）、黄淮海平原区（HHHP）、长江中下游平原区（MYP）及四川盆地区（SBSR），由于城郊农田分布相较于其他城市的连续性及密集度较高，故指数拟合情况较好（R^2=0.967 [0.926, 0.992], P<0.01），且递变率较其他农业区相对较小。在城市化发展程度较高的 MYP 及 HHHP 区，城市化对城郊农田健康状况的影响范围可达 26km 以上。

（3）在城市化发展相对较慢的中国西部地区，城郊单位农田的植被健康状况的空间分异主要受湿度因子主导。而在城市化相对较快的中国东部地区，城市因子是控制城郊农田植被健康空间分异的主控因素。城市因子与自然因子在塑造城郊农田植被健康状况的空间格局变化中起着关键作用，两者的叠加能够更好地刻画城郊农田植被健康状况的空间分异性，最多可使单因子的解释程度增加 45%。

（4）城市化对农田植被健康状况的影响具有显著的空间分异性。在气候条件相对干燥寒冷的中国北方农业区，城市化对城郊的农田植被健康状况间接呈现积极的影响，平均可以抵消 44% 由不透水面扩张造成的单位农田植被健康状况的损失。而在气候条件相对潮湿温暖的南方农业区，城市化对城郊农田植被健康状况的间接影响多呈现负面效应。

（5）主导城市化对农田植被健康状况间接影响的水热因子在不同气候背景下的农业区具有显著差异。多种研究方法指示（PLS、偏相关分析、区间对比法），城郊的气温变化是导致 HHHP 及 NCP 区农田 VHI IE 沿城乡梯度变化的主导水热因子；土壤湿度变化是控制 MYP 区城郊农田 VHI IE 变化的主导水热因子。此外，3 大农业区典型城市的城郊农田植被健康状况沿城乡梯度的变化均对城郊降水变化敏感度较低。

第四章 城郊农田植被生产力对城市化的多重响应规律及相关因素分析

　　物候学的发展为农业应用及生产提供了许多重要信息[265]，如作物产量估算[266,267]、管理实践增强[268]、数字土壤制图[269-271]。以往关于农田植被物候的测量方法主要分为两大类。一类为基于观察结果制定的植物生长发育过程标准，如Zhang 等[271]、Zadoks 等[272]、Haun[273] 及 Large[274]等。但是，这些观察结果是主观的，且由于物候观测者记录位置及记录时间不尽相同，造成农民、顾问和研究人员之间传递的信息可靠性降低。第二类是基于开发的物候提取模型，如TIMESAT[275]、PhenoSat[276,277]等对连续高分辨率的植被遥感信息进行物候指标提取。尽管这些模型的研发为物候指标的大范围、长历时提取[278]以及估算农田植被生长发育关键时间点监测[279]等方面提供了重要的研究工具，但它们仍具有一些局限性[265]。首先，上述物候指标提取模型缺乏对各反映作物生长条件的指标进行相关的基础生理特征描述，因此得出的指标与作物生理生长期之间的关系通常不清楚[280,281]。此外，一些能够反映关键物候期作物生产力的物候指标尚未囊括，如农田植被生长状况（NDVI）在整个农田植被生长期的时间积分——生长期累积生物量（TINDVI）与作物产量具有极强的相关性[266,282,283]。最大 NDVI 之前和最大NDVI 之后的 NDVI 的曲线积分可以指示开花期前、后生长期的农田植被累积生物量，上述指标可提供有关作物单产潜力和谷物质量的相关信息。但这些被证实能够反映农业管理情况的物候指标[284]在较为广泛应用的 TIMESAT 及 PhenoSat 等物候提取软件中尚未囊括。

　　目前，有关城市化对植被的影响主要集中于对自然植被的影响相关的研究，而对农田植被的影响相关的研究较少且不够深入。农田植被除了受气候因子影响外，还受到人为管理因素（灌溉、施肥等）的影响。此外，由于其受到耕作制度的影响，农田植被拥有与自然植被截然不同的生长发育曲线，因而需要将之与自然植被分割开来研究。城市化被喻为气候变化的"自然实验室"，故研究农田植被的生产力特征对城市化的响应规律能够为研究气候变化对作物产量的影响提供重要的理论及现实依据。本章基于新开发的"CropPhenology"物候指数提取平台，在考虑不同耕作制度的情况下，探究不同生长期阶段农田植被生产力对城市化的响应规律，并对其相关因素进行深入探讨，以期为预估未来作物生产力提供新的研究思路及现实依据。

第一节　研究数据及方法

一、研究区介绍

东北平原（NCP）、黄淮海平原（HHHP）、长江中下游平原（MYP）是我国的三大平原，在中国九大农业区中具有典型的代表性，其空间分布如图 4-1 所示。其中，东北平原是我国面积最大的平原，北纬 40°N～48°N，东经 118°E～128°E，地跨黑龙江、吉林、辽宁和内蒙古 4 个省区，面积达 35 万 km²。东北平原地处温带和暖温带，气候特征包含大陆性及季风性气候特征。黄淮海平原又称华北平原，是我国人口最多且城市化发展较快的平原，地理位置位于 32°N～40°N，114°E～121°E，其跨越了北京、天津、河北、山东、河南、安徽、江苏 7 个省市，面积约 30 万 km²。黄淮海平原土质优良，光热条件优越，是中国重要的粮食主产区[285,286]。长江中下游平原是我国经济最发达的平原，地跨鄂、湘、赣、皖、苏、浙、沪 7 省市，素有"水乡泽国"之称，总面积约 20 万 km²[287]。研究区选择了三大农业区中的 15 个重要的省会城市，其具体分布区域及其分布情况如表 4-1 所示。

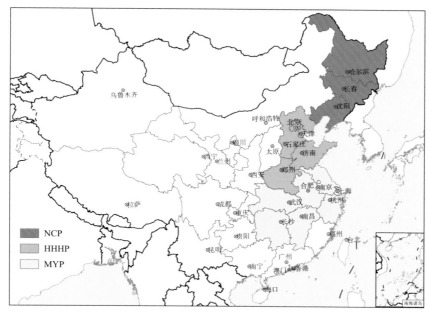

图 4-1　三大农业区地理区位图

表 4-1　　各农业区的缩写及其所包含的城市名称

地理分区	农业区	缩写	城市
北方农业区	东北平原区	NCP	长春、哈尔滨、沈阳
	黄淮海平原区	HHHP	北京、济南、石家庄、天津、郑州
南方农业区	长江中下游平原区	MYP	长沙、合肥、杭州、南昌、南京、上海、武汉

二、考虑耕作制度的农田植被物候提取

（一）提取数据及原理

归一化植被指数（NDVI）是使用最广泛的植被指数之一[288,289]。通过多时相的 NDVI 数据能够获取农田植被物候信息[283,290]。由于中分辨率成像光谱仪（MODIS）具有低成本、广范围、高频率等特点，其被广泛应用于农业相关的领域，如农业物候等[268,291-295]，且均取得了较好的监测结果。因此，在本节选择 NDVI 指数作为农田植被物候反演的基础数据。本节选用了 MODIS NDVI 产品（MOD13A1），该产品每年有 23 个时相的数据。利用单位农田不同时间对应的 NDVI 值构成农田植被的生长动态曲线，可直观反映农田植被从出苗到收割的动态变化过程（谷值-峰值-谷值）[296]。在实行一熟制的区域，经过滤波后的 NDVI 动态变化曲线呈单峰曲线。而在实行两熟制的农业区，NDVI 会在一整年内经历两次谷值-峰值-谷值的动态变化过程，即形成双峰型曲线。其他熟制同理，故不再赘述。

由于耕作制度的不同，农田植被的物候特征提取算法与自然植被相比具有较大的差异。虽然已经有部分学者的研究涉及了城市化对农田物候的影响，且累积了一定的成果[14,239]，但是在相关的研究中较少学者将耕作制度考虑进去，因此可能造成人们对农田植被物候特征对城市化响应规律产生理解偏差。

基于此，本节在提取农田植被物候特征前，首先对农田植被年内变化曲线进行降噪、平滑及提取作物熟制，后通过作物熟制提取结果对不同栅格进行分型，并基于分型结果对不同栅格进行农田植被物候特征提取。具体过程及算法在下节详细阐述。

（二）耕作制度提取方法

如图 4-2 所示，整个农田植被物候提取的部分可以简化为预处理、耕作制度

提取及物候指标计算三大部分。基于 NDVI 曲线的复种指数提取本质上即提取 NDVI 曲线的峰值个数。噪声过大的 NDVI 数据可能导致复种指数提取结果出现偏差[296]。由于 NDVI 数据会受到大气扰动、云干扰、气溶胶颗粒等噪声的影响，其时间序列曲线常呈现锯齿形波动规律，进而产生噪声波峰，对耕作制度提取造成影响。因此需要对 NDVI 时间序列进行降噪处理。此外，本书选用的 MOD13A1 的 NDVI 数据集的时间分辨率为 16 天，因此每个像元每年仅有 23 个 NDVI 遥感实测值，这会造成农田植被物候提取的精度大大降低，因此在计算农田植被物候指数之前需要进行曲线插值平滑的预处理。降噪主要基于 MODIS Pixel Reliability 信息，去除噪声像元，然后基于改进的 SPLINE 算法对筛选出的可靠像元进行时间序列重构建，将 NDVI 时间分辨率由 16 天转换至 1 天。选择 SPLINE 算法的原

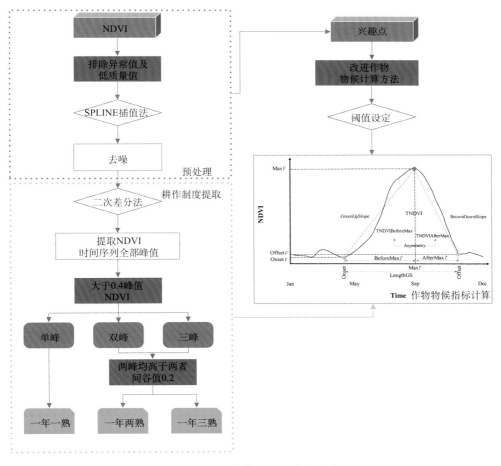

图 4-2　农田植被物候提取技术路线图

因主要是相较于时间序列谐波分析法（HANTS）[297]、Savizky-Golay 法[298]、滑动平均法[299]、中值滤波法[300]等算法，SPLINE 无需人为主观设置算法参数。此外，本章共涉及中国三大农业区的 15 个城市，它们在不同区域下垫面及气候特征均有显著差异，故使用同一套参数对 NDVI 时间序列进行平滑降噪可能人为地制造系统不确定性，进而影响 NDVI 去噪效果。以上原因均显示出在大尺度研究中，SPLINE 插值法相较于上述其他算法在去噪方面具有一定优越性。因此本书采用 SPLINE 插值法对 NDVI 时间序列进行降噪、平滑、重构，然后基于直接比较法[296]，对重新构建的 NDVI 时间序列进行峰值提取。直接比较法计算思想即构建子判别区间，捕捉判别区间内的极大值，并将其与前后多个临近时间点的 NDVI 值进行比较，若极大值点之前时段的 NDVI 值连续增加，且该点之后时段的 NDVI 值连续降低，则判断该点为该判别区间内的峰值点[296]。在获得逐像元的峰值及其数量后，利用限制条件筛除异常峰值。两个条件分别为：① NDVI 峰值须大于 0.4。②如果存在两个峰值，则搜寻两个峰值之间的谷值，计算两个峰值和谷值之间的差值。如果差值大于 0.2，则认为两个峰都是合理的[296]，即该栅格熟制为一年两熟；否则认为只有一个峰，即该栅格的熟制为一年一熟。由于本书中涉及的 3 个农业区的主要耕作制度为一年一熟和一年两熟，故提取到的一年三熟的像元作为异常点，不纳入本节研究的分析范围。

（三）农田植被物候指标计算

基于两种耕作制度的作物分开计算。对于一年一熟的农田栅格，直接利用 Araya 基于 R 平台开发的"Cropphenology"包进行 15 个农田植被物候特征指标的提取[265]，包括生长期初始 NDVI 值（OnsetV）、生长期初始时刻（OnsetT）、生长期 NDVI 峰值（MaxV）、生长期 NDVI 峰值对应时刻（MaxT）、生长期结束时 NDVI 值（OffsetV）、生长期结束时刻（OffsetT）、生长期持续时间（LengthGS）、花前生长期持续时间（BeforeMaxT）、花后生长期持续时间（AfterMaxT）、变绿速率（GreenUpSlope）、变棕速率（BrownDownSlope）、生长期累积生物量（TINDVI）、花前生长期累积生物量（TINDVIBeforeMax）、花后生长期累积生物量（TINDVIAfterMax）不对称性（Asymmetry）。各指数的计算方法及物理生物意义见表 4-2。

如图 4-3 所示，而对于一年两熟的农田栅格，需要通过已提取的两个峰值点之间的谷值点（VallyT），将 NDVI 时间序列分割为两个时间段，对两个时间段分别使用 Cropphenology 包的 PhenoMetrics 函数进行计算。由于考虑到收割等因素

表 4-2　农田植被物候指标的定义、物理生物含义以及生长环境因素描述

物候指标	简写	物候指标定义、算法及描述	物理生物意义	生长环境因素描述
生长期初始 NDVI 值	$OnsetV$	NDVI 曲线的斜率首次开始连续为正值且 NDVI 值超过设定阈值时对应的 NDVI 值为 $OnsetV$。阈值根据文献设为 20%	$OnsetV$ 表征作物开始生长时的状态，叶片和冠层已出现。它代表早期幼苗生长阶段	新叶的出现取决于季节性的环境因素，例如合适的气温及可利用的土壤水[301]。该值通常高于 0.2，代表裸露土壤的 NDVI[302]
生长期初始时刻	$OnsetT$	NDVI 达到 $OnsetV$ 对应的儒略日	幼苗生长开始的时间，表征叶和冠层的出现	$OnsetT$ 取决于大面积的播种日期。它主要受季节变化的控制。低值表示作物开始生长时间提前
生长期 NDVI 峰值	$MaxV$	重建的 NDVI 连续时间序列中，NDVI 的最大值	开始有完整的树冠覆盖，代表花期开始	$MaxV$ 值高代表作物在生长季节生长状况较好，生产力更高[289]
生长期 NDVI 峰值对应时刻	$MaxT$	NDVI 达到 $MaxV$ 对应的儒略日	完全关闭树冠的时间	较低的 $MaxT$ 值表示作物开花较早
生长结束时 NDVI 值	$OffsetV$	NDVI 曲线的斜率最低且 NDVI 值于设定阈值时对应的 NDVI 值为 $OffsetV$。阈值根据文献设为 50%[24,280]	标志着作物生长期的结束	作物冠层已经成熟
生长期结束时刻	$OffsetT$	NDVI 达到 $OffsetV$ 对应的儒略日	作物成熟的时间	季末的水分胁迫和高温会使农作物提前衰老[303-304]
生长期持续时间	$LengthGS$	作物经历所有生长期所需的时间长度 $LengthGS = OffsetT - OnsetT$	较高的值表示季节开始和结束之间的时间较长，这与较长的生长期有关	生长期的长度受农作物生长的环境因素控制（例如气温和降雨）

续表

物候指标	简写	物候指标定义、算法及描述	物理生物意义	生长环境因素描述
MaxT之前的生长期长度（花前生长期持续时间）	BeforeMaxT	从 OnsetT 到 MaxT 的时间长度，BeforeMaxT = MaxT − OnsetT	作物从出苗到开花的时间	开花前的生长阶段决定了穗和籽粒的数量[305,306]。较短的花前的生长时间表明从发芽到开花所需的生长时间较短，可能造成穗数和籽粒数减少，进而造成作物产量降低[305]
MaxT之后的生长期长度（花后生长期持续时间）	AfterMaxT	从 MaxT 到 OffsetT 的时间长度，AfterMaxT= OffsetT− MaxT	作物从开花到成熟所经历的时间	开花后的生长阶段决定了籽粒灌浆和粒重量[284]。花后生长期的缩短与籽粒灌浆时间的缩短有关，导致籽粒重量及产量降低[284]
变绿速率	GreenUpSlope	花前生长期，NDVI 从 OnsetV 增加到 MaxV 的速率	表征作物从出芽至开花的生长速率	花前生长持续时间是农作物穗的形成并生长的时间[284,306]。较高的生长速率表示在生长期初始阶段，NDVI 值在短时间内快速增加
变标速率	BrownDownSlope	花后生长期，NDVI 从 MaxV 降低到 OffsetV 的速率	表征作物从开花至成熟的生长速率	在花后阶段，通过光合作用产生的糖被运输到籽粒中，影响籽粒的大小和最终产量[284]。高值表示在生长末期阶段，NDVI 在短时间内大幅降低
生长期累积生物量	TINDVI	NDVI 曲线在 OnsetT 和 OffsetT 之间的数值积分	衡量生长期作物的生物生产力方法	较高的 TINDVI 值指示较高的农作物产量[261]

续表

物候指标	简写	物候指标定义、算法及描述	物理生物意义	生长环境因素描述
花前生长期累积生物量	TINDVIBeforeMax	NDVI 在 Onset T 和 Max T 之间的数值积分，该指标表征了花前生长期的累积生物量	花前的作物冠层对于减少水从土壤表层的蒸发很重要。高值表明作物冠层累了较高生物量，这表明作物冠层生长较好，土壤表层蒸发量较低，且形成较高的分蘖和谷粒数量	在花前生长期阶段，作物在茎中贮藏通过光合作用产生的糖，并在花后生长期转移到谷粒中，直接有助于产量的累积。在花期前生产大量干物质能够使农作物具有更大的单产潜力。另外，在花前生长期，植物逆境会影响谷物储存在的数量及尺寸[307]。这将影响单产潜力降低[284,308]
花后生长期累积生物量	TINDVIAfterMax	NDVI 在 Max T 和 Offset T 之间的数值积分，该指标指示了作物在花后生长期的累积生物量	较高的值表明在花后生长期积累的生物量减少较小，籽粒充实（灌浆）过程较长有关。较小的值指示谷物填充的过程较快、时间短，产量低[262,287]	在花后生长，生产物被运输到谷物中，并有效利用土壤水分。在此时，水分胁迫会影响单产产力[309]。此外，由于蒸散作用造成的水分流失，大型冠层作物可能难以填充谷物[284]
不对称性	Asymmetry	NDVI 曲线的对称性，它可以衡量不同关键生长期积累生物量的差异 Asymmetry= TINDVIBeforeMax − TINDVIAfterMax	描述季节花期前后的相对作物冠层大小。不对称性表明作物冠层的建立与成熟之间的差异。高值表明花前生物量高于花后	TINDVIBeforeMax 测量的谷物数量合物重量更敏感[305]。此外，在干旱的环境中，由于水分胁迫，农作物经常无法通过较低光合作用直接填充谷物，故可以通过测量较低的 TINDVIAfterMax 幅度来测量水/气温胁迫。在这种情形下，较高的产量比协助下，自花前生长期储存的糖[284]

的影响，以及参考同类型研究的阈值设置结果[24]，本节中的初始阈值设为 20%，结束阈值设为 50%。各物候指标计算方法如下所示：

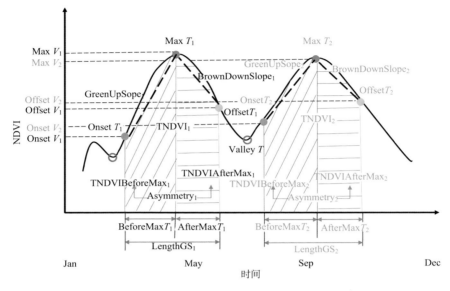

图 4-3　考虑不同耕作制度的农田植被物候提取

（1）生长期初始 NDVI 值　　$$\mathrm{Onset}V = \frac{\mathrm{Onset}V_1 + \mathrm{Onset}V_2}{2}$$　　（4-1）

（2）生长期初始时刻　　　　$$\mathrm{Onset}T = \mathrm{Onset}T_1$$　　（4-2）

（3）生长期 NDVI 峰值　　　$$\mathrm{Max}V = \frac{\mathrm{Max}V_1 + \mathrm{Max}V_2}{2}$$　　（4-3）

（4）生长期 NDVI 峰值对应时刻　　$$\mathrm{Max}T = \frac{\mathrm{Max}T_1 + \mathrm{Max}T_2}{2}$$　　（4-4）

（5）生长期结束时 NDVI 值　　$$\mathrm{Offset}V = \frac{\mathrm{Offset}V_1 + \mathrm{Offset}V_2}{2}.$$　　（4-5）

（6）生长期结束时刻　　　　$$\mathrm{Offset}T = \mathrm{Offset}T_2$$　　（4-6）

（7）生长期持续时间　　$$\mathrm{LengthGS} = \mathrm{LengthGS}_1 + \mathrm{LengthGS}_2$$　　（4-7）

（8）花前生长期持续时间 $\mathrm{BeforeMax}T = \mathrm{BeforeMax}T_1 + \mathrm{BeforeMax}T_2$　（4-8）

（9）花后生长期持续时间　$\mathrm{AfterMax}T = \mathrm{AfterMax}T_1 + \mathrm{AfterMax}T_2$　（4-9）

（10）变绿速率　　$$\mathrm{GreenUpSlope} = \frac{\mathrm{GreenUpSlope}_1 + \mathrm{GreenUpSlope}_2}{2}$$　　（4-10）

（11）变棕速率

$$BrownDownSlope = \frac{BrownDownSlope_1 + BrownDownSlope_2}{2} \quad （4-11）$$

（12）生长期累积生物量　　　　$TINDVI = TINDVI_1 + TINDVI_2$ 　　　（4-12）

（13）花前生长期累积生物量

$$TINDVIBeforeMax = TINDVIBeforeMax_1 + TINDVIBeforeMax_2 \quad （4-13）$$

（14）花后生长期累积生物量

$$TINDVIAfterMax = TINDVIAfterMax_1 + TINDVIAfterMax_2 \quad （4-14）$$

（15）不对称性　　　$Asymmetry = \dfrac{Asymmetry_1 + Asymmetry_2}{2}$ 　　（4-15）

三、突变点检测

变异点检测方法有多种，但由于 Pettitt 检验是一种对异常值不敏感的非参数检验方法，较为适用于本书。故本节选择 Pettitt 检验方法用于（均值/方差）变异点分析[310]。该检验方法主要基于 Mann-Whitney 检测的统计参数 $U_{k,n}$，通过近似极限分布计算检测统计 P 值[311]。该检验方法其算法如下所示：

$$U_{k,n} = U_{k-1,n} + \sum_{j=1}^{n} \mathrm{sgn}\left(x_k - x_j\right) \quad （4-16）$$

式中，x_k 为物候指标序列中第 k 个点的值；x_j 为物候指标序列中第 j 个点的值[312]，$j=1,2,3,\cdots,n$。式（4-16）可直接应用于对于物候指标序列均值突变的检验。在进行方差突变检验时需要对物候序列按式（4-17）所示进行突变点检测，其主要思想是基于 Loess 算法对原物候序列进行拟合参考拟合（L），后基于此构建残差平方和序列 X：

$$X_i = \left(x_i - L_i\right)^2 \quad （4-17）$$

用式（4-17）对产生的序列 X 进行突变点检测，若存在突变，则为方差突变点[312]。

四、分段线性回归

分段线性回归可将非线性关系划分两个近似为线性关系的区间[313]，并为每个区间提供相关性。两个区间的间隔边界称为"断点"，断点通常被视为两个变量关系发生变化的阈值[255,314,315]，并已在遥感研究中广泛使用[316-319]。计算公式如下所示：

$$y = \begin{cases} \beta_0 + \beta_1 x + \varepsilon_x & x \leqslant a \\ \beta_0 + \beta_1 x + \beta_2(x - a) + \varepsilon_x & x > a \end{cases} \qquad (4\text{-}18)$$

式中，y 为城市化对不同时期累积生物量的间接影响；β_0 为常数项；β_1 和 β_2 分别是断点前、后的线性回归的斜率；x 是不透水面比率；a 是断点（阈值）；ε_x 是残差。

第二节　作物生产力指标的验证

虽然已经有部分研究证实 TINDVI 能够反映作物生产潜力[266]，但为了证明本节计算结果的可靠性，本节将 TINDVI 与资源与环境信息系统国家重点实验室生产的中国农田生产潜力数据（简写：APP，获取地址：http://www.resdc.cn，DOI:10.12078/2017122301）进行对比，以期验证 TINDVI 对单位农田生产力的解释能力。选择该数据集而不选择作物产量数据集主要是因为现有的作物产量数据大都以省、市、县为统计单位，而本节中的研究区仅涉及三大农业区重点城市周边 30km 之内的农田像元，故以传统的产量数据作为验证指标可能会导致样本量不够，不具有代表性等问题的出现。此外，该数据集是采用 GAEZ 模型，在考虑多种作物及耕作制度的情况下获取单位土地最大的粮食生产潜力，且经过实验证实其与实际产量具有较强的相关性[320]，因此 APP 数据集较适宜作为本节的验证数据集。

如图 4-4 所示，随机抽取的 4000 个区间样本点的 TINDVI 与 APP 有显著的正相关关系（Cor=0.43, $P<0.01$）。由此证明 TINDVI 能够较好地解释单位农田的生产潜力。

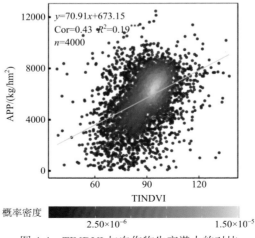

图 4-4　TINDVI 与农作物生产潜力的对比

第三节　城市化对农田植被不同时期累积生物量的影响足迹

三大农业区单位农田植被的花前生长期累积生物量（TINDVIBeforeMax）、花后生长期累积生物量（TINDVIAfterMax）、生长期累积生物量（TINDVI）沿着城乡梯度的变化规律同中有异（图4-5、图4-6和表4-3）。首先，在三大农业区中，上述3种刻画不同生长期累积生物量的物候指标均沿着城乡梯度呈显著的指数型分布（$R^2>0.865$，$P<0.01$），这主要是由于像元中仍混杂着不透水面因素，随着不透水面比率的降低，城市化的总体影响对不同生长期单位农田累积生物量的不利影响逐渐降低。

3 个农业区距离城市最近的缓冲区的花前生长期累积生物量（TINDVIBeforeMax）、花后生长期累积生物量（TINDVIAfterMax）、生长期累积生物量（TINDVI）相较于远郊区（定义为最远的缓冲区）分别平均降低了 15.99%（HHHP）～26.09%（MYP）、11.54%（HHHP）～27.28%（MYP）、14.28%（HHHP）～24.88%（MYP）。由此表明，城市化对长江中下游平原的城郊单位农田不同生长期累积生物量影响均为剧烈。

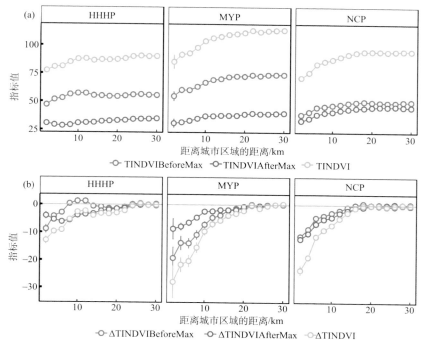

图 4-5　城市化对城郊单位农田不同时期累积生物量的影响足迹

（a）城郊单位农田不同时期累积生物量对距离城市区域的距离响应；（b）城市化对城郊单位农田不同时期累积生物量的影响足迹对距离城市区域的距离响应

表 4-3　三大农业区城市化对城郊单位农田不同生长期累积生物量的影响足迹的拟合方程及相关参数

研究区域	拟合变量	R^2	P	A	B	C	拟合方程	影响范围/km	初始值
HHHP	ΔTINDVIBeforeMax	0.865	0.000	-21	-0.434	-0.201	$y=-21e^{-0.434x}-0.201$	24	-8.861
HHHP	ΔTINDVIAfterMax	0.894	0.000	18.7	0.0102	-24.8	$y=18.7e^{0.0102x}-24.8$	24	-4.023
HHHP	ΔTINDVI	0.916	0.000	-16.2	-0.131	-0.314	$y=-16.2e^{-0.131x}-0.314$	24	-12.888
MYP	ΔTINDVIBeforeMax	0.979	0.000	-26.1	-0.11	1.54	$y=-26.1e^{-0.11x}+1.54$	22	-19.278
MYP	ΔTINDVIAfterMax	0.971	0.000	-12.3	-0.109	0.668	$y=-12.3e^{-0.109x}+0.668$	22	-8.685
MYP	ΔTINDVI	0.986	0.000	-38.4	-0.109	2.21	$y=-38.4e^{-0.109x}+2.21$	22	-27.941
NCP	ΔTINDVIBeforeMax	0.978	0.000	-17.2	-0.186	0.249	$y=-17.2e^{-0.186x}+0.249$	16	-11.339
NCP	ΔTINDVIAfterMax	0.990	0.000	-17.5	-0.133	0.714	$y=-17.5e^{-0.133x}+0.714$	20	-12.282
NCP	ΔTINDVI	0.990	0.000	-34.3	-0.157	0.852	$y=-34.3e^{-0.157x}+0.852$	18	-23.585

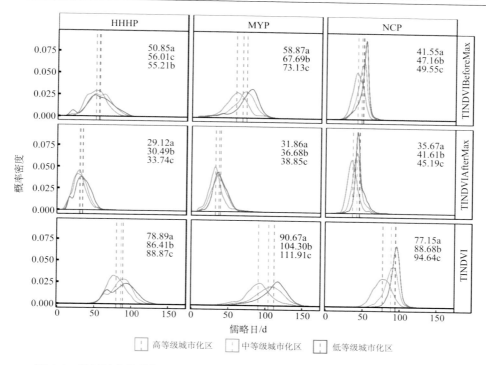

图 4-6　不同城市化等级下不同生长期城郊单位农田累积生物量的概率密度分布

从城市化对单位农田不同时期累积生物量影响足迹来看，城市化可能影响城郊 16～24km 范围内不同时期单位农田累积生物量。其中，在城市化发展程度相对较慢的 NCP 影响范围最小，仅为 16～20km，而城市化发展程度相对较快的 MYP 及 HHHP 的影响范围最高可达 22～24km。此外，随着城市化等级的提高，不同生长期城郊单位农田累积生物量均有显著的降低（图 4-5）。但在 NCP 区，单位农田 TINDVIAfterMax 受城市化影响更大；在 MYP 区，单位农田 TINDVIBeforeMax 受城市化影响较大。

此外，不同农业区的单位农田花前生长期累积生物量均大于花后生长期累积生物量，由此表明花前生长期农田植被生物量的累积对农田植被潜力的贡献大于花后生长期。但在 NCP 区，花前生长期累积生物量与花后生长期累积生物量之差（TINDVIBeforeMax–TINDVIAfterMax）相对较小，为 3.34～6.43，而 HHHP、MYP 的变化量为 16.28～27.08、23.87～34.95。这反映出在 NCP 区，花后生长期单位农田植被积累的生物量减少较小，农田植被生长成熟速度较慢，花后生长期持续时间较长，有利于作物品质的提升[262,286]。相较于 HHHP 与 NCP，在热量及水分条件更好的 MYP 区，背景单位农田花前生长期累积生物量、生长期累积生物量分别提高了25.79%～45.00%、17.61%～20.83%，而背景花后生长期累积生物量差异相对较小。以上结果表明，城市化对城郊单位农田花前生长期累积生物量、花后生长期累积生物量、生长期累积生物量的影响足迹沿城乡梯度呈显著的指数型递减。此外，在城市化发展较快的农业区，城市化对单位农田累积生物量的影响范围最高可外延至城市区域外24km处。

第四节　城市化对不同关键物候期农田植被累积生物量的间接影响

一、城市化对农田植被生长期累积生物量的间接影响

由于TINDVI能够反映农田植被生长期累积生物量的累积状况，较高的TINDVI值指示较高的农作物产量，不透水面比率（ISA）能够反映城市化程度，而城市化被喻为气候变化的"自然实验室"。因此探究城市化对TINDVI的间接影响随ISA的变化规律可以帮助我们理解气候变化下作物生产力的变化规律。城市化的直接影响（不透水面扩张），造成单位农田种植面积下降，致使三大农业区的TINDVI对城市化强度整体响应方式表现为负反馈[图4-7（a）]。但大部分城市化农田子区间的加权平均TINDVI均位于零影响线（黄线）上方，这表明城市化诱发的城郊微环境变化对城郊农田植被生长期累积生物量产生了积极影响。

为更清晰地探究城市化对TINDVI的间接影响（TINDVI IE）在3个农业区的分布规律，图4-7（b）展示了三大主要农业区城市化对农田植被生长期累积生物量造成的间接影响（TINDVI IE）随ISA增加的变化趋势。首先，TINDVI IE在大部分城市化农田子区间均为正值。TINDVI IE大于零的比例（PGZ）在MYP、HHHP及NCP分别为78%、92%、98%，这反映出城市化对大多数受城市化影响区域的农田植被生长期生物量的累积有着积极的促进效应。不仅如此，TINDVI IE的中位数（Median）也均大于零，但在不同地区TINDVI IE的Median具有明显差异，如HHHP及NCP的中位TINDVI IE均大于5，而MYP的中位TINDVI IE仅有1.93，仅为HHHP及NCP区的33%及38%。这表明了城市化对隶属于南方农业区的MYP区城郊农田植被生长期累积生物量的促进作用相对较弱。

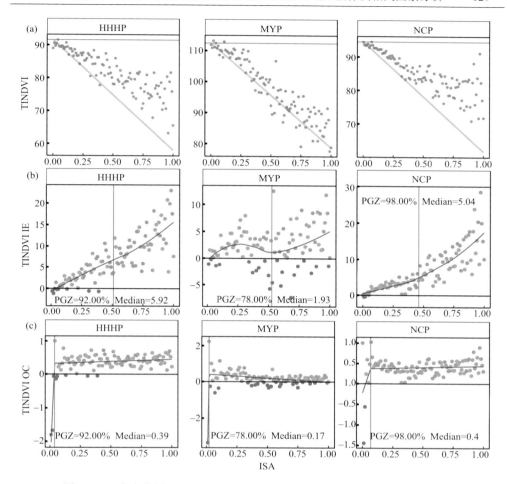

图 4-7 三大农业区 TINDVI、TINDVI IE、TINDVI OC 对 ISA 的响应规律

（a）三大农业区的单位农田 TINDVI 值对城市化强度（ISA）的响应规律。绿点、红线和黄线分别代表城市化分区平均实测 TINDVI 值、无城市化影响下的 TINDVI 值、受城市化直接影响下的 TINDVI 值。（b）城市化对 TINDVI 的间接影响对城市化强度（ISA）的响应规律。（c）三大农业区城市化对 TINDVI 的间接作用对直接作用的抵消情况（OC）对城市化强度的响应规律。红色点表示超过 50% 的点小于 0；蓝色点表示大于 50% 的分数小于 0。PGZ：各指标大于零的比例；Median：各指标的中位数

    而从 TINDVI IE 随着 ISA 增长的总体变化趋势来看（Loess 函数拟合情况），三大农业区的 TINDVI IE 均随城市化强度的增加呈增长模式。此外，基于 Pettitt 检验结果可以看出，TINDVI IE 随着 ISA 的增加，其波动性及非平稳性也显著增加。三大农业区的方差突变区间均出现在城市化强度 50% 附近。除此之外，突变阈值前后 TINDVI IE 的方差具有显著差异（表 4-4）。在 MYP、HHHP 及 NCP 区，TINDVI IE 突变后的方差相较于突变前的方差分别增加了 17%、66%、240%。这

一方面可能是由于城市化及人类活动加剧，导致了生长期累积生物量对城市化响应方式的不确定性增大；另一方面可能是由于靠近城市区域的农田像元数量较少，且较为分散，致使该区域农田像元的 TINDVI 值差异增大，进而导致了 TINDVI IE 随着城市化强度的增大表现出稳定减弱的现象。此外，这种突变效应同样发生在间接影响强度方面。三大农业区突变区间前后的 TINDVI IE 的均值及中位数平均增加了 2.50 及 2.35 倍，其中 NCP 区的 TINDVI IE 的均值及中位数增长幅度最高，分别增长了 3.35 及 2.98 倍。综上所述，城市化的间接作用对生长期农田植被累积生物量产生的正影响及其波动性均随城市化强度增大而显著增强，且在气候较为寒冷的 NCP 区，城市化对 TINDVI 的间接促进效应更为显著。

表 4-4　各农业区 TINDVI IE 突变前后描述性统计量汇总

统计量	HHHP		MYP		NCP		总体	
SD1	2.77	↑	3.31	↑	1.55	↑	1.31	↑
SD2	4.6		3.87		5.27		2.87	
mean1	3.15	↑	1.73	↑	2.45	↑	0.63	↑
mean2	10.89		4.08		10.66		4.12	
Median1	2.87	↑	1.89	↑	2.45	↑	0.54	↑
Median2	10.29		4.03		9.76		3.65	
Max1	10.62	↑	12.48	↓	6.07		4.49	↑
Max2	22.98		11.78		28.53		10.56	
Min1	−1.12	↑	−7.98		−0.47		−1.76	↑
Min2	3.93		−2.76		2.62		−1.57	

注：1、2 分别代表 TINDVI IE 突变前、后。如 SD1、SD2 分别为 TINDVI IE 突变前、后的方差。↑代表突变后统计量的数值增加；↓代表突变后统计量的数值降低。共统计了 5 种统计量，分别为方差（SD）、均值（mean）、中位数（Median）、最大值（Max）、最小值（Min）。

以上结果虽然论证了城市化间接对整个生长期农田植被累积生物量有着明显的促进作用，但这种促进作用到底能抵消多少由不透水面扩张造成的累积生物量损失仍有待探讨。因此，图 4-7（c）展示了抵消系数（TINDVI OC）随城市化强度（ISA）增长的变化趋势。3 个农业区 TINDVI OC 的 Median 虽然都为正，但是其数量大小仍有明显差异。在纬度相对较高的 NCP 区，城市化对 TINDVI 的间接影响约可平均抵消掉 40%由不透水面扩张对 TINDVI 造成的不利影响。而在纬度相对较低的 MYP 地区，TINDVI IE 约仅能抵消掉 17%由不透水面扩张对 TINDVI 造成的不利影响。通过沿城乡梯度递变规律来看，TINDVI OC 随着城市化强度的增大呈现"由陡转平，由负转正"的总体趋势。为了更准确地描述这一规律，研究采用了分段线性回归，通过调整参数使断点前后的线性拟合优度均最高，最终得到最优断点，断点前后 TINDVI OC 的代表性统计量如表 4-5 所示。3 个农业区的断点均出现在低城市化影响区内（ISA<0.2）。"由陡转平"具体表现为断点前后的斜率具有明显的差异，断点前斜率高于断点后斜率约 2~4 个数量级，断点前方差也高于断点后 3.8~12.6 倍。这主要是由于受 TINDVI OC 计算方法的影响，当城市化强度过小时，城市化对单位农田生长期累积生物量的直接影响较小，进而导致间接影响与直接影响的比值较大，从而使 TINDVI OC 在低城市化影响区变化率较高，而 TINDVI OC 的均值与中位数也均由负转为正。这可能是由于当城市化强度较小时，农田占单个像元比例较高，故像元的特征以农田特征为主导作用[263]，城市化对 TINDVI 的间接影响较弱，致使其对城市化直接负面影响的抵消效应不显著，进而导致低城市化区 TINDVI OC 为负。

表 4-5　三大农业区 TINDVI OC 突变前后描述性统计量汇总

统计量	HHHP		MYP		NCP		总体	
slope1	84.34	↓	347.94	↓	8.96	↓	147.08	↓
slope2	0.14		−0.41		0.07		−0.07	
SD1	0.97	↓	3.95	↓	0.82	↓	1.91	↓
SD2	0.20		0.29		0.17		0.22	
mean1	−1.18	↑	−0.56	↑	0.05	↑	−0.56	↑
mean2	0.39		0.18		0.41		0.33	
Median1	−1.67	↑	−0.56	↑	0.24	↑	−0.66	↑
Median2	0.39		0.17		0.40		0.32	
Max1	−0.06	↓	2.23	↑	1.00	↓	1.06	↓
Max2	1.00		1.15		1.02		1.06	
Min1	−1.80	↑	−3.35	↑	−1.44	↑	−2.20	↑
Min2	−0.14		−0.61		0.03		−0.24	

注：1、2 分别代表 TINDVI OC 断点前、后。如 SD1、SD2 分别为 TINDVI OC 突变前、后的方差。↑代表断点后统计量的数值增加；↓代表断点后统计量的数值降低。共统计了 6 种统计量，分别为斜率（slope）、方差（SD）、均值（mean）、中位数（Median）、最大值（Max）、最小值（Min）。

二、城市化对农田植被花前生长期累积生物量的间接影响

TINDVIBeforeMax 常用来表征花前生长期生物量的累积状况，较高的 TINDVIBeforeMax 值表明花前生长期农田植被积累了较高生物量，表明农田植被

冠层生长较好，具有更大的单产潜力。受不透水面扩张的影响，三大农业区城郊农田植被 TINDVIBeforeMax 随 ISA 的总体变化趋势与 TINDVI 基本一致，均随着 ISA 的增加而减少[图 4-8（a）]。但城市化对城郊农田植被 TINDVIBeforeMax 的间接影响大体上是积极的。大部分受城市化影响的农田子区间的加权平均 TINDVIBeforeMax 均位于零影响线上方，且距离零影响线的距离随着 ISA 增大而增加。这表明城市化对城郊农田植被花前生长期累积生物量产生了积极影响。此外，背景 TINDVIBeforeMax 在不同气候背景下的农业区表现出较为明显的空间差异性。在 3 个农业区随着纬度降低及热量条件的改善，单位农田花前生长期累积生物量的最大值从平均纬度最高的 NCP 区到平均纬度较低的 MYP 逐渐升高。

图 4-8（b）展示了三大主要农业区城市化对城郊农田植被花前生长期累积生物量造成的间接影响（TINDVIBeforeMax IE）随 ISA 增加的变化趋势，总体上的规律与 TINDVI IE 大致相同。首先，TINDVIBeforeMax IE 在大部分受城市化影响的农田子区间为正值。TINDVIBeforeMax IE 大于 0 的子区间数量占区间总数的比率（TINDVIBeforeMax IE PGZ）在 3 个农业区均高于 80%，MYP、HHHP 及 NCP 的 TINDVIBeforeMax IE PGZ 分别为 80%、95%、82%，且 TINDVIBeforeMax IE 的 Median 也均大于零，HHHP 区 TINDVIBeforeMax IE 的 PGZ 及 Median 均最高，这反映出花前生长期城市化的间接影响对 HHHP 区的农田植被生产力的促进作用更为强烈。从 TINDVIBeforeMax IE 随着 ISA 增长的总体变化趋势来看，TINDVIBeforeMax IE 对城市化强度的响应模式呈超线性增长趋势（即 TINDVIBeforeMax 的增长速率随城市化强度的增加而增加）。但随着 ISA 的增加，TINDVIBeforeMax 的波动性及非平稳性也逐渐增加。Pettitt 方差检验结果表明，三大农业区的 TINDVIBeforeMax IE 方差突变区间同样出现在城市化强度为 0.5 附近。相较于 TINDVIBeforeMax IE 突变前的方差，TINDVIBeforeMax IE 超过突变阈值后，3 个农业区各 TINDVIBeforeMax IE 的方差、均值及中位数均显著增大（表 4-6）。其中 MYP、HHHP 及 NCP 的方差分别增加了 38.15%、105.67%、225.86%，均值分别增加了 0.70、3.60 及 6.14 倍，中位数分别增加了 0.29、3.98 及 5.53 倍，以上现象均反映出城市化对花前生长期累积生物量的间接促进作用及其不稳定性均随着城市化强度的增强而愈发显著。

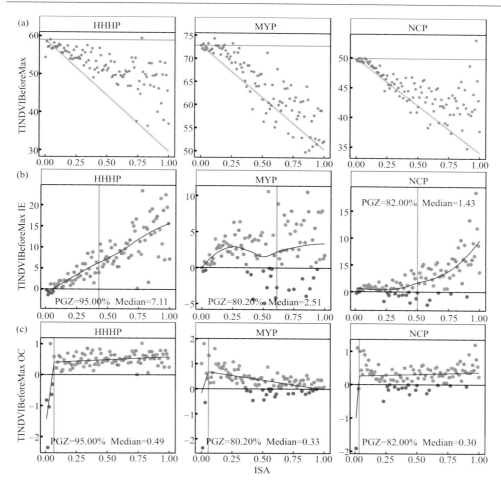

图4-8　三大农业区 TINDVIBeforeMax、TINDVIBeforeMax IE、TINDVIBeforeMax OC 对 ISA 的响应规律

（a）三大农业区的单位农田 TINDVIBeforeMax 值对城市化强度（ISA）的响应规律。绿点、红线和黄线分别代表城市化分区平均实测 TINDVIBeforeMax 值、无城市化影响下的 TINDVIBeforeMax 值、受城市化直接影响下的 TINDVIBeforeMax 值。（b）城市化对 TINDVIBeforeMax 的间接影响对城市化强度（ISA）的响应规律。（c）三大农业区城市化对 TINDVIBeforeMax 的间接作用对直接作用的抵消情况（OC）对城市化强度（ISA）的响应规律。红色点表示超过 50% 的点小于 0；蓝色点表示大于 50% 的分数小于 0。PGZ：各指标大于零的比例；Median：各指标的中位数

此外，由图4-8（c）可以看出，三大农业区均有超过80%的子区间抵消系数（TINDVIBeforeMax OC）大于 0，其中 HHHP 达到 95%。另外，3 个农业区 TINDVIBeforeMax OC 的 Median 虽然都为正，但是其数量大小有明显差异。在纬度较高的 NCP 区，城市化的间接影响约可平均抵消掉 30% 由不透水面扩张造成

表 4-6　三大农业区 TINDVIBeforeMax IE 突变前后描述性统计量汇总

统计量	HHHP		MYP		NCP		总体	
SD1	2.47	↑	2.70	↑	1.16	↑	2.11	↑
SD2	5.08		3.73		3.78		4.2	
mean1	2.74	↑	1.95	↑	0.64	↑	1.78	↑
mean2	11.36		3.32		4.57		6.42	
Median1	2.15	↑	2.04	↑	0.64	↑	1.61	↑
Median2	10.71		2.64		4.18		5.84	
Max1	8.84	↑	10.59	↑	4.01	↑	7.81	↑
Max2	23.41		10.54		18.5		17.48	
Min1	−1.38	↓	−5.02	↑	−2.07	↑	−2.82	↑
Min2	0.25		−3.90		−2.43		−2.03	

注：1、2 分别代表 TINDVIBeforeMax IE 突变前、后。如 SD1、SD2 分别为 TINDVIBeforeMax IE 突变前、后的方差。↑代表突变后统计量的数值增加；↓代表突变后统计量的数值降低。共统计了 5 种统计量，分别为方差（SD）、均值（mean）、中位数（Median）、最大值（Max）、最小值（Min）。

表 4-7　三大农业区 TINDVIBeforeMax OC 突变前后描述性统计量汇总

统计量	HHHP		MYP		NCP		总体	
slope1	30.57	↓	14.86	↓	52.52	↓	32.65	↓
slope2	0.20		−0.73		0.11		−0.14	
SD1	1.09	↓	1.45	↓	1.52	↓	1.35	↓
SD2	0.20		0.38		0.30		0.29	
mean1	−0.69	↑	0.15	↑	−0.31	↑	−0.28	↑
mean2	0.49		0.33		0.30		0.37	
Median1	−0.73	↑	0.51	↑	−0.13	↑	−0.12	↑
Median2	0.50		0.33		0.31		0.38	
Max1	1.00	↑	1.81	↓	1.10	↑	1.30	↓
Max2	1.02		1.61		1.21		1.28	
Min1	−2.35	↑	−2.36	↑	−1.91	↑	−2.21	↑
Min2	0.01		−0.46		−0.50		−0.32	

注：1、2 分别代表 TINDVIBeforeMax OC 断点前、后。如 SD1、SD2 分别为 TINDVIBeforeMax OC 突变前、后的方差。↑代表断点后统计量的数值增加；↓代表断点后统计量的数值降低。共统计了 6 种统计量，分别为斜率（slope）、方差（SD）、均值（mean）、中位数（Median）、最大值（Max）、最小值（Min）。

的不利影响，且这种"抵消效应"在 ISA 大于 0.20 后基本为正值。通过沿城乡梯度递变规律来看，TINDVIBeforeMax OC 随着城市化强度的增大呈现"由陡转平，由负转正"的总体趋势。此外，由表 4-7 可知，在 TINDVIBeforeMax OC 断点前后的斜率也具有明显的差异，断点前斜率高于断点后斜率 2 个数量级，断点前方差也高于断点后 10.04～27.25 倍。该现象与 TINDVI OC 对 ISA 的响应规律基本一致。

三、城市化对农田植被花后生长期累积生物量的间接影响

TINDVIAfterMax 能够指示花后生长期生物量的累积状况，较高的值表明在花后生长期积累的生物量减少较小，产量高。与 TINDVI 和 TINDVIBeforeMax 一样，受不透水面扩张的影响，三大农业区的 TINDVIAfterMax 均随 ISA 增加而减少 [图 4-9（a）]。但城市化对 TINDVIAfterMax 的间接影响大体来看仍是积极的。大部分受城市化影响的子区间的加权平均 TINDVIAfterMax 均位于零影响线上方，且距离零影响线的距离随着 ISA 增大而增加。这表明城市化同样对城郊农田植被花后生长期累积生物量产生了积极影响。此外，背景 TINDVIAfterMax 在不同气候背景下的农业区表现出较为明显的空间异质性。在 3 个农业区中，NCP 区的背景 TINDVIAfterMax 最大。

图 4-9（b）展示了三大主要农业区城市化对花后生长期累积生物量造成的间接影响（TINDVIAfterMax IE）随 ISA 增加的变化趋势。首先，TINDVIAfterMax IE 在大部分子区间是正值。TINDVIAfterMax IE 大于零在 3 个农业区均高于 50%，MYP、HHHP 及 NCP 的 TINDVIAfterMax IE PGZ 分别为 76%、64%、96%。不仅如此，TINDVIAfterMax IE 的 Median 也均大于零。两者均反映出城市化的间接影响对花前生长期生物量的累积有着积极的促进效应。从 TINDVIAfterMax IE 随着 ISA 增长的总体变化趋势来看（Loess 函数曲线），TINDVIAfterMax IE 对城市化强度的响应模式呈超线性增长趋势（即 TINDVIAfterMax 的增长速率随城市化强度的增加而增加）。但随着 ISA 的增加，TINDVIAfterMax 的波动性及非平稳性也逐渐增加。经 Pettitt 检验，三大农业区的方差突变区间均出现在城市化强度为 0.5 附近。相较于 TINDVIAfterMax IE 突变前的方差，TINDVIAfterMax IE 超过突变阈值后，3 个农业区各 TINDVIAfterMax IE 的方差均显著增大，MYP、HHHP 及 NCP 的方差分别增加了 121.80%、137.19%、101.45%（表 4-8）。此外，突变区间前后的 TINDVIAfterMax IE 的均值及中位数平均增加了 5.54 倍及 5.76 倍，其中 HHHP 区的 TINDVIAfterMax IE 的均值及中位数增长幅度最高，分别增长了 9.41 倍及 6.48 倍。

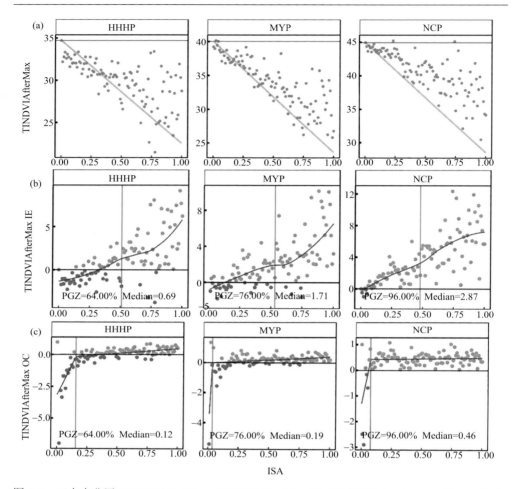

图 4-9　三大农业区 TINDVIAfterMax、TINDVIAfterMax IE、TINDVIAfterMax OC 对 ISA 的响
应规律

（a）三大农业区的 TINDVIAfterMax（无量纲）对不透水表面比率（ISA，无量纲）的响应。绿点、红线和黄线
分别代表城市化分区平均实测 TINDVIAfterMax 值，无城市化影响下的 TINDVIAfterMax 值，受城市化直接影响
下的 TINDVIAfterMax 值。（b）城市化对 TINDVIAfterMax 的间接影响与城市化强度（ISA）之间的关系。（c）三
大农业区抵消系数（OC）与城市化强度（ISA）之间的关系。红色点表示超过 50% 的点小于 0；蓝色点表示大于 50%
的分数小于 0。PGZ：各指标大于零的比例；Median：各指标的中位数

表 4-8　三大农业区 TINDVIAfterMax IE 突变前后描述性统计量汇总

统计量	HHHP		MYP		NCP		总体	
SD1	1.21	↑	1.33	↑	1.38	↑	1.31	↑
SD2	2.87		2.95		2.78		2.87	

续表

统计量	HHHP		MYP		NCP		总体	
mean1	−0.34	↑	0.67	↑	1.57	↑	0.63	↑
mean2	2.86		3.70		5.8		4.12	
Median1	−0.44	↑	0.48	↑	1.57	↑	0.54	↑
Median2	2.41		3.00		5.55		3.65	
Max1	3.07	↑	4.40	↑	5.99	↑	4.49	↑
Max2	9.16		10.17		12.35		10.56	
Min1	−2.54	↓	−1.78	↑	−0.96	↑	−1.76	↑
Min2	−3.74		−1.47		0.51		−1.57	

注：1、2 分别代表 TINDVIAfterMax IE 突变前、后。如 SD1、SD2 分别为 TINDVIAfterMax IE 突变前、后的方差。↑代表突变后统计量的数值增加；↓代表突变后统计量的数值降低。共统计了 5 种统计量，分别为方差（SD）、均值（mean）、中位数（Median）、最大值（Max）、最小值（Min）。

此外，由图 4-9（c）可以看出，三大农业区均有超过 64% 的城市化子区间的抵消系数（TINDVIAfterMax OC）大于 0，其中 NCP 达到 96%。另外，3 个农业区 TINDVIAfterMax OC 的中位数虽然都为正，但是数量大小有明显差异。在纬度较高的 NCP 区，城市化的间接影响约可平均抵消掉 46% 由不透水面扩张造成的不利影响，且这种"抵消效应"在 ISA 大于 0.20 后基本为正值。通过沿城

表 4-9　三大农业区 TINDVIAfterMax OC 突变前后描述性统计量汇总

统计量	HHHP		MYP		NCP		总体	
Slope1	19.15	↓	23.32	↓	143.84	↓	62.10	↓
Slope2	0.76		0.06		0.41		0.41	
SD1	1.88	↓	1.46	↓	3.57	↓	2.30	↓
SD2	0.34		0.22		0.36		0.31	
Mean1	−1.63	↑	−0.49	↑	−1.41	↑	−1.18	↑
Mean2	0.15		0.45		0.17		0.26	
Median1	−1.25	↑	−0.03	↑	−0.16	↑	−0.48	↑
Median2	0.18		0.47		0.19		0.28	
Max1	1.00	↓	1.00	↑	1.37	↓	1.12	↓
Max2	0.86		1.08		1.00		0.98	
Min1	−7.00	↑	−2.91	↑	−5.43	↑	−5.11	↑
Min2	−0.90		0.04		−1.55		−0.80	

注：1、2 分别代表 TINDVIAfterMax OC 断点前、后。如 SD1、SD2 分别为 TINDVIAfterMax OC 突变前、后的方差。↑代表断点后统计量的数值增加；↓代表断点后统计量的数值降低。共统计了 6 种统计量，分别为斜率（slope）、方差（SD）、均值（mean）、中位数（Median）、最大值（Max）、最小值（Min）。

乡梯度递变规律来看，TINDVIAfterMax OC 随着城市化强度的增大同样呈现"由陡转平，由负转正"的总体趋势，最优断点均在低城市化影响区内（ISA<0.2）。此外，三大农业区最优断点前的拟合线斜率均高于断点后约 2～3 个数量级，断点前的 TINDVIAfterMax OC 方差也高于断点后 4.5～8.9 倍（表 4-9）。

第五节　城市化对农田植被生长期累积生物量的间接影响与地表气温及 CO_2 的相关关系

地表气温升高与 CO_2 浓度升高是气候变化影响作物产量最重要的两个因子[223]。目前，有关气温升高、CO_2 浓度升高及其耦合作用对作物产量的影响仍具有争议[114,132]。而由于模型模拟成本低、范围广、机理强等优势，大部分研究者常使用作物模型与全球气候模式耦合的方法探求作物产量对气候变化的响应规律，但由于其存在诸多不确定性，因而预估结果可能与实际情况有一定偏差[106]。虽然已有研究提出应用城市化来探究气候变化对自然植被绿度及物候特征的影响，但该方法较少应用于农田植被生长范畴。基于此，本节首先根据地理智能机器学习模型反演的地表气温数据与搜集的 CO_2 通量数据探究地表气温及 CO_2 沿城乡梯度的变化情况。而后，基于 PLS、偏相关分析、地理探测器、最小二乘法等多种方法综合探究城市化驱动的局地气温及 CO_2 变化对生长期累积生物量变化的相对重要性及其耦合关系。并在此基础上探讨热岛效应（气温变化）与不同生长期农田植被累积生物量间接变化之间的量化关系，以期利用"自然实验室"方法为量化气候变化对农业生产力的影响提供一定的证据支撑。

一、城市化对地表气温及 CO_2 通量的影响足迹

三大农业区的城郊农田的生长期平均气温（TG）及城郊农田生长期地表气温与远郊区地表气温的差异（UHI）随着与城市区域距离的增大呈现显著的指数型下降（R^2>0.974，P<0.0001）（图 4-10）。且 MYP、HHHP 及 NCP 最大的 UHI 由小到大依次为（1.16±0.69）℃、（1.48±0.64）℃、（1.93±0.67）℃，它们的纬度也依次升高，降水量依次减少。这与大多数研究中的热岛效应随着纬度升高，降水量减少更明显的现象较为一致[239,321]。此外，MYP、HHHP 及 NCP 在生长期的平均气温分别为（23.01±0.48）～（24.18±0.69）℃、（20.86±0.51）～（22.34±0.64）℃、（16.11±0.72）～（18.05±0.67）℃，这也与实际情况较为相符。此

外，在三大农业区，城市化对城郊农田地表气温的影响范围均大于 20km。

此外，由于缺乏可靠的精细化地表气温数据集，在以往的研究中常假设地表气温为背景气温，即忽略城郊地表气温的变化规律[239]。图 4-10 的结果表明，城郊的地表气温具有明显的变化，故在研究城市尺度时忽略城郊气温的变化可能会影响研究结果的准确性。

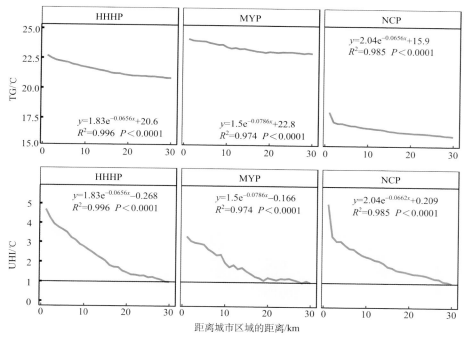

图 4-10 三大农业区生长期地表气温及热岛效应沿城乡梯度变化足迹

与 UHI 相似，三大农业区的城郊农田 2010 年年均二氧化碳通量（CO_2）及与远郊区二氧化碳通量差异（ΔCO_2）均沿着城乡梯度呈现显著的指数型下降（$R^2 > 0.97$，$P < 0.0001$）（图 4-11）。且 MYP、HHHP 及 NCP 最大的 ΔCO_2 分别为（4.91 ± 0.50）（$\log_{10}(mol/(m^2 \cdot s))$）、（$3.47 \pm 0.64$）（$\log_{10}(mol/(m^2 \cdot s))$）、（$3.92 \pm 0.19$）（$\log_{10}(mol/(m^2 \cdot s))$），其中 MYP 的城乡 CO_2 差异最大。此外，MYP、HHHP 及 NCP 的平均 CO_2 分别介于（-18.18 ± 1.34）~（-13.24 ± 0.50）（$\log_{10}(mol/(m^2 \cdot s))$）、（$-17.40 \pm 1.12$）~（$-13.99 \pm 1.18$）（$\log_{10}(mol/m^2 \cdot s)$）、（$-18.31 \pm 1.01$）~（$-14.35 \pm 0.19$）（$\log_{10}(mol/m^2 \cdot s)$）。另外，在三大农业区，城市化对城郊 CO_2 的影响范围也均大于 25km。以上结果综合表明了城郊农田的地表气温及 CO_2 均围绕城市区域呈"岛状变化"趋势，且城市边缘的农田区的升温及 CO_2 富集的状况

与远郊农田具有显著的差异。因此，通过研究城郊的农田植被生产力状况对局部微气候的响应特征对研究未来农业生产力的变化趋势具有一定的现实意义。

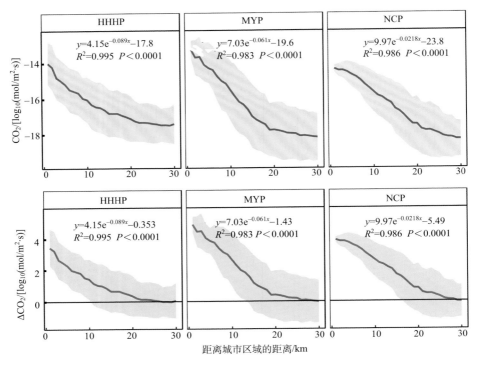

图 4-11　三大农业区 CO_2 及 ΔCO_2 沿城乡梯度变化足迹

数据获取自 https://edgar.jrc.ec.europa.eu/

二、气温、CO_2 及其耦合效应对生长期累积生物量间接变化的相对

重要性评估及其交互关系量化

为了进一步探测气候变化的特征因子（气温、CO_2）对城郊农田植被生产力变化的重要性，本书基于偏最小二乘法（PLS）评估了上述影响因子对于 TINDVI IE 的重要性及方向性（图 4-12）。显然，不同的农业区两个因子对于 TINDVI IE 具有明显的差异。由图 4-12（a）的 VIP 系数可以看出，在 NCP 区，UHI 的 VIP 大于 1，且其约为 ΔCO_2 的 VIP 的 2.6 倍，这显示出在 NCP 区，UHI 对于 TINDVI IE 的重要性等级更高。而在 HHHP 区，相较于 UHI，ΔCO_2 对 TINDVI IE 的影响占主导地位（$VIP_{\Delta CO_2}=1.11$），但其 ΔCO_2 的 VIP 也大于 0.8，这表明在该区域 ΔCO_2

对 TINDVI IE 也较为重要。在 MYP 区，UHI 相对于 ΔCO_2 对 TINDVI IE 更重要，其 VIP 系数约为 ΔCO_2 的 1.8 倍。

为了进一步展示两个因子对于 TINDVI IE 影响的方向性，图 4-12（b）展示了不同农业区 PLS 的回归系数。从不同区域的回归系数来看，HHHP 及 NCP 的 UHI 与 ΔCO_2 的回归系数均为正，这表明城郊气温升高以及 CO_2 浓度升高均对 HHHP 与 NCP 城郊区域的农田植被生产潜力起着促进作用。尽管如此，UHI 与 ΔCO_2 对 TINDVI IE 的调节状况具有显著差异。在 HHHP 区，UHI 与 ΔCO_2 同时变化一个标准差的情况下，导致 TINDVI IE 的变化差异仅为 0.06 个标准差，且 ΔCO_2 对 TINDVI IE 相对重要。而在 NCP 区，UHI 与 ΔCO_2 同时变化一个标准差的情况下，导致 TINDVI IE 的变化差异为 0.67 个标准差，且 UHI 对 TINDVI IE 的重要性显著高于 ΔCO_2。而 MYP 区域的 UHI 与 ΔCO_2 的回归系数均为负。由此表明在 MYP 区，TINDVI IE 对城郊气温升高以及 CO_2 浓度升高呈现负反馈效应。此外，在该区，UHI 对 TINDVI IE 的负面影响更为显著，UHI 的回归系数为 ΔCO_2 的 8.5 倍。这表现出在 MYP 农业区，城郊气温升高对城郊农田植被生产潜力可能产生一定的负面影响。除此之外，MYP、HHHP、NCP 区 UHI 的 VIP 及回归系数大多随着区域平均纬度的升高而逐渐增大，这反映出城郊农田的气温升高对农田植被生产力的促进作用随着纬度升高愈发显著。

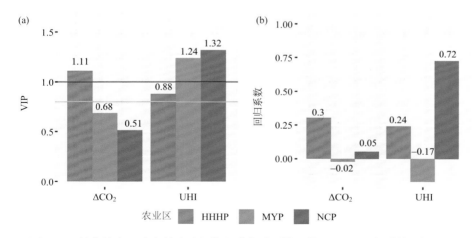

图 4-12　热岛效应及碳岛效应对间接影响的重要性评价（a）及回归系数分析（b）

为了进一步刻画 UHI 与 ΔCO_2 变化情况对生长期积累生物量间接影响的量化关系，排除由于影响因子间的共线性而导致的结果偏差，本书采用偏相关分析算法构建了三大农业区的 TINDVI IE 与 UHI、ΔCO_2 的偏相关矩阵（图 4-13）。不难看出，偏相关矩阵呈现的结果与 PLS 的结果具有高度的一致性。在 NCP 区，TINDVI IE 与 UHI、ΔCO_2 的偏相关系数（P_{cor}）分别为 0.72（$P<0.01$）、0.08。而在 HHHP 区，ΔCO_2 与 TINDVI IE 呈显著的正相关（$P<0.01$，$P_{cor}=0.31$），UHI 与 TINDVI IE 的偏相关性相对较低（$P_{cor}=0.25$），但通过了显著性水平为 0.1 的显著性检验。此外，与 PLS 的结果相似，MYP 区的 UHI 与 ΔCO_2 均与 TINDVI IE 呈负相关，且 UHI 与 TINDVI IE 的偏相关性为 ΔCO_2 与 TINDVI IE 的 7.5 倍，这同样从侧面反映出，气温升高会对 MYP 区的农田植被生产力造成潜在威胁。这主要是由于长江中下游平原区的纬度与黄淮海平原区及东北平原区相比较低，热量条件较好，故农田植被所处的环境温度已经较接近于农田植被的最适生长气温，城市化导致的气温升高可能会对农田植被生物量产生负面的影响。造成气温升高对东北平原区城郊生长期农田植被累积生物量最有利的原因可能是东北平原区纬度相较于其他两个地区纬度较高、气温较低、热量相对匮乏，故城市化造成的热岛效应能够极大地改善东北平原区城郊农田的热量条件，延长全年农田植被的生长期，进而对该区生物量的累积更有利。而在黄淮海平原区，尽管其降水量及灌溉条件大体与东北平原区相近，但由于纬度低于东北平原区，气温相对较高，水分蒸发相对较多，该区更易遭遇干旱。已有研究表明在干旱条件下，较高的 CO_2 浓度会导致农田植被气孔开口减小、水分利用效率提高，进而诱发农田植被产量提升[322,323]。因而相较于本节涉及的东北平原及长江中下游平原区，CO_2 富集对黄淮海平原区城郊农田植被累积生物量的促进作用更为显著。

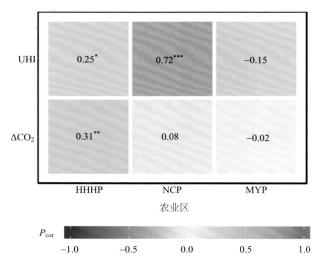

图 4-13　热岛效应、ΔCO_2 与 TINDVI IE 的偏相关关系

*、**、***分别代表通过 P=0.1、P=0.05、P=0.01 显著性水平的显著性检验

以上结果虽从不同角度探讨了气温升高及 CO_2 浓度增加对不同农业区城郊农田植被生产力的影响，但是尚未涉及两者的耦合效应对农田植被生产潜力的影响。基于此，本节利用地理探测器量化了 UHI、ΔCO_2 及其交互作用（ΔCO_2_UHI）对 TINDVI IE 的解释程度（q）[图 4-14（a）]，采用最小二乘（OLS）回归方法计算了上述 3 个变量对 TINDVI IE 的拟合优度（R^2）[图 4-14（b）]以及各变量的回归系数[图 4-14（c）]。

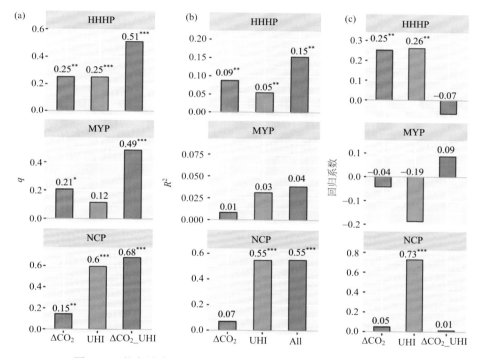

图 4-14　热岛效应、ΔCO_2 及其交互作用与 TINDVI IE 相关关系

*、**、***分别代表通过 P=0.1、P=0.05、P=0.01 显著性水平的显著性检验。（a）基于地理探测器量化的 UHI、ΔCO_2 及其交互作用（ΔCO_2_UHI）对 TINDVI IE 的解释程度（q）；（b）采用最小二乘（OLS）回归方法计算的 UHI、ΔCO_2 及其交互作用（ΔCO_2_UHI）对 TINDVI IE 的拟合优度（R^2）；（c）上述变量的回归系数

不难看出，基于地理探测器因子探测的 UHI、ΔCO_2 对 TINDVI IE 的解释力在 3 个农业区反映出来的规律与上节所得结论大体吻合。唯一有差异的地方在于，在 MYP 区，q 统计量探测出的 ΔCO_2 对 TINDVI IE 的重要性相较于 UHI 更大。但是在 OLS 方法中，拟合优度及回归系数的结果均倾向于支持 UHI 沿城乡梯度的变化情况是导致城郊 TINDVI IE 变化的主要原因。这是由于不同检验算法的基本构建原理具有差异，进而导致结果具有一定的偏差，但其中有 3 种算法得出了

较为一致的结论。本书倾向于支持以下结论，即相较于 CO_2，UHI 沿城市化梯度的变化对 MYP 区城郊 TINDVI IE 变化更为重要。

从 UHI 与 ΔCO_2 的交互作用来看，两种算法（地理探测器及 OLS）展示的结果具有一定一致性。上述模型探测出 UHI 与 ΔCO_2 的交互作用对 TINDVI IE 的解释力均高于单一因子对其的解释力，但差异在于 OLS 的结果显示出 UHI 与 ΔCO_2 的交互项的回归系数均未通过显著性检验，这在一定程度表明两者的交互作用不明显。

此外，UHI 与 ΔCO_2 对 TINDVI IE 的拟合优度同样随着纬度的升高而逐渐增大。在 NCP 区，UHI 变化能解释 55% 的城郊 TINDVI IE 的变化情况，而在城市化发展较快的 MYP、HHHP 区，UHI、ΔCO_2 及其耦合效应分别仅能解释约 7%、20% 的城郊 TINDVI IE 变化。这主要是由于城市化越发达的地方，人类活动越发强烈，进而导致城郊农田植被生产力受到许多其他驱动因子的影响，如可能涉及灌溉、施肥、大棚、农药等人工管理措施，气溶胶、O_3、氮沉降等气体污染影响，极端气候、病虫害以及农田植被品种等影响。许多潜在的驱动力同时作用于 TINDVI，因此导致了 UHI 与 ΔCO_2 对城市化发展较快地区城郊的 TINDVI IE 的解释力较低。另外，农田植被生产潜力对 UHI 与 ΔCO_2 的响应机制通常应为非线性的，而在本书中使用的 OLS 的基本假设为线性假设，这可能也是造成解释力过低的一个原因。

三、热岛效应与不同阶段生长期累积生物量间接变化的相关关系

上面的结果显示，城市化诱发的"热岛效应"是造成城郊生长期累积生物量间接变化的重要影响因子，且其对 TINDVI IE 的促进作用随着纬度的升高而逐渐增大。然而对于热岛效应对不同阶段生长期的城郊农田植被累积量生物量是否具有显著差异仍有待探讨。图 4-15 和图 4-16 展示了城市化对花前生长期、花后生长期的农田植被累积生物量的间接影响与城郊气温变化的相关关系。由于 UHI 与 TINDVI 的关系在上面已详细阐述，下面重点探讨花前及花后生长期农田植被累积生物量变化对"热岛效应"的响应规律。从总体来看，UHI 与 TINDVIBeforeMax IE、TINDVIAfterMax IE 均呈现显著的正相关性（$P<0.01$）。但相较于 TINDVIBeforeMax IE，UHI 对 TINDVIAfterMax IE 的促进作用更为显著，这可以从 UHI 与 TINDVIAfterMax IE 的相关系数是其与 TINDVIBeforeMax IE 的相关系数的 2.4 倍看出。这可能是由于城市化驱动的城郊微气候变暖导致农田植被生殖生长期（花后生长期）延长。如图 4-17 所示，在同时升温 1℃ 的情况下，花后生长期延长的时间较长。

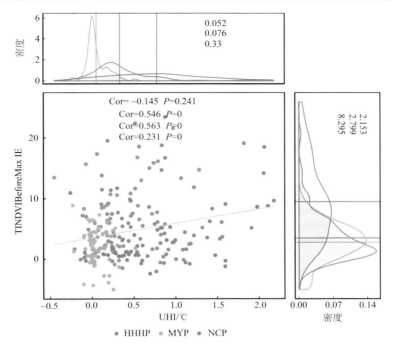

图 4-15　三大农业区热岛效应与 TINDVIBeforeMax IE 相关关系

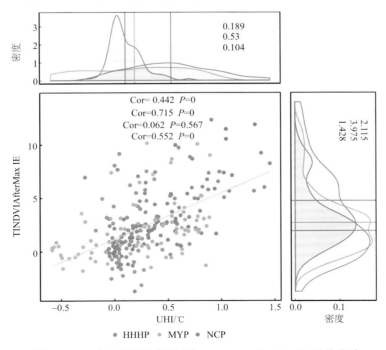

图 4-16　三大农业区热岛效应与 TINDVIAfterMax IE 相关关系

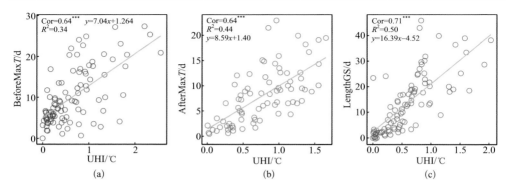

图 4-17　热岛效应与不同生长期持续时间的相关关系

（a）热岛效应与花前生长期持续时间（BeforeMaxT）的相关关系；（b）热岛效应与花后生长期持续时间（AfterMaxT）的相关关系；（c）热岛效应与生长期持续时间（LengthGS）的相关关系

但在不同区域，UHI 与不同生长期农田植被累积生物量的相关关系具有显著差异。如在纬度较高的 NCP 区，无论在花前生长期还是在花后生长期，对应时期的农田植被累积生物量均对 UHI 呈现显著正反馈。这反映出在当前的气候背景及人为管理干预条件下，气温升高有助于 NCP 区有效积温的累积，延长了该区农田植被不同阶段的生育期，进而对不同生长期农田植被累积生物量均表现为促进作用。这种现象在部分气候变化研究中也有近似的结论，即在气候背景较冷地区，气温升高对农田植被产量呈现促进作用[324-327]。

在 MYP 区，TINDVIBeforeMax IE 对 UHI 具有一定的负反馈效应。而在花后生长期，UHI 与 TINDVIAfterMax IE 则呈现显著的正相关关系（Cor=0.442，$P<0.01$）。这可能是由于在花前生长期，MYP 整体的热量条件较好、气温较高，农田植被暴露在接近于关键气温附近，而城市化造成的热岛效应可能致使农田植被生长速率及有机物消耗速率加快，进而对花前生长期累积生物量造成轻微的负面影响（Cor=—0.145，P=0.241）（图 4-15 和图 4-18）。而在花后生长期，MYP 的气温逐渐下降，此时的气温及 CO_2 浓度的增加能够促进农田植被叶面积指数增加，进而促进产量的提高[307]。

在 HHHP 区，虽然 UHI 与 TINDVIBeforeMax IE 及 TINDVIAfterMax IE 均呈正相关，但是在花前生长期，热岛效应对农田植被生物量的促进作用更为显著（Cor=0.563，$P<0.01$），对后期影响不显著的原因可能是在研究期内（2010 年），中国大气环流异常，偏强的下沉运动、偏小的湿度以及较强的偏北或偏西气流控制等要素综合作用[328]，导致华北地区干旱少雨。此外，在花后生长期，华北平原部分地区的气温偏高 2～4℃[328]，故在干旱和高温的双重效应下，热岛效应导致的

增温对农田植被的生物量累积无显著促进作用。

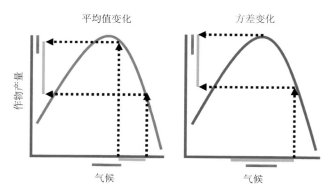

图 4-18 气候均值及方差变化对作物产量的影响

引自 Projected temperature changes indicate significant increase in interannual variability of US maize yields[114]

第六节 本 章 小 结

本章依托新开发的"CropPhenology"物候指数提取平台，在考虑不同耕作方式的情况下，分析了不同生长期阶段农田植被生产力对城市化的总体及间接响应规律。并基于自主研发的气温数据，探究了不同气候背景下城郊农田的气温热岛效应、碳岛效应及其耦合效应对城郊农田植被 TINDVI IE 的重要性及其相关关系，主要结论如下。

在三大农业区中，城市化对城郊单位农田植被的花前生长期累积生物量（TINDVIBeforeMax）、花后生长期累积生物量（TINDVIAfterMax）、生长期累积生物量（TINDVI）的影响足迹沿城乡梯度呈显著的指数型递减（$R^2 > 0.865$，$P < 0.01$）。3 个农业区距离城市最近的缓冲区的花前生长期累积生物量（TINDVIBeforeMax）、花后生长期累积生物量（TINDVIAfterMax）、生长期累积生物量（TINDVI）相较于远郊区分别平均约降低了 15.99%（HHHP）～26.09%（MYP）、11.54%（HHHP）～27.28%（MYP）、14.28%（HHHP）～24.88%（MYP），由此表明，城市化对长江中下游平原区的城郊不同生长期累积生物量影响最为剧烈。此外，在城市化发展较快的农业区，城市化对单位农田累积生物量的影响范围最远可外延至城市区域外 24km。

城市化导致的不透水面扩张（直接影响）造成单位农田种植面积下降，致使三大农业区的单位农田平均 TINDVI、TINDVIBeforeMax、TINDVIAfterMax 对城市化强度（ISA）整体响应方式表现为负反馈。而城市化的间接影响分别对 MYP、HHHP 及 NCP 区 78%（80%/76%）、92%（95%/64%）、98%（82%/96%）的城市化农田子区间的 TINDVI（TINDVIBeforeMax/TINDVIAfterMax）起到了促进作用，且不同农业区 TINDVI IE、TINDVIBeforeMax IE、TINDVIAfterMax IE 的中位数也均大于 0。

城市化对不同生长期农田植被累积生物量产生的正影响及其波动性均随城市化强度增大而显著增强。在三大农业区，城市化对不同生长期农田植被累积生物量的间接影响方差突变区间均出现在城市化强度 50%附近。除此之外，突变阈值前后 TINDVI IE 的方差具有显著差异。在 MYP、HHHP 及 NCP 区，TINDVI IE（TINDVIBeforeMax/TINDVIAfterMax）突变后的方差相较于突变前的方差分别增加了 17%（38.15%/101.45%）、66%（105.67%/137.19%）、240%（225.86%/121.80%）。此外，在 NCP 区，城市化对 TINDVIAfterMax IE 的促进效应更为显著；在 HHHP 区，城市化对 TINDVIBeforeMax IE 的促进效应更为显著；在 MYP 区，城市化对花前生长期及花后生长期农田植被累积生物量的影响差异相对较小。

城市化的间接影响对三大农业区城郊农田植被 TINDVI（TINDVIBeforeMax/TINDVIAfterMax）的平均抵消效应均为正。在 MYP、HHHP 及 NCP 区，城市化的间接影响分别约可抵消掉 17%（33%/19%）、39%（49%/12%）、40%（30%/46%）由不透水面扩张造成的 TINDVI（TINDVIBeforeMax/TINDVIAfterMax）的损失。通过 TINDVI OC（TINDVIBeforeMax OC/TINDVIAfterMax OC）沿城乡梯度呈现"由陡转平，由负转正"的总体趋势。TINDVI OC（TINDVIBeforeMax OC/TINDVIAfterMax OC）的断点均在低城市化影响区内（ISA<0.2），断点前斜率高于断点后斜率 2 个及以上数量级，断点前方差也高于断点后 3 倍以上，最高可达 9 倍。

基于自适应时空自相关气温模型构建的气象要素数据可以监测到三大农业区城郊农田存在着显著的热岛效应。城郊农田的生长期平均气温（TG）均随着距离城市区域的距离的增大呈现显著的指数型下降（$R^2>0.974$, $P<0.0001$）。此外，城郊农田也存在着显著的碳岛效应，二氧化碳通量（CO_2）同样沿城乡梯度呈显著的指数型递减（$R^2>0.97$, $P<0.0001$），两者城市化影响范围均大于 20km，由此证实城市化是气候变化较为理想的"自然实验室"。

多种因子重要性评估算法（PLS、OLS、偏相关分析及地理探测器）表明，城郊农田的气温、CO_2 情况在不同农业区对生长期农田植被累积生物量的重要性具有显著的时空差异性。热岛效应对生长期农田植被累积生物量的促进作用随着纬度的增加愈发显著。在纬度相对较高的 NCP 区，热岛效应对城郊 TINDVI IE 的促进作用更为显著。在 HHHP 区，TINDVI IE 对热岛效应与碳岛效应均呈现正反馈。而在纬度相对较低、热量条件较好的 MYP 区，农田气温的增加及 CO_2 的富集可能会造成城郊农田植被 TINDVI IE 降低。

第五章 城郊农田景观格局变化对农田植被关键物候特征的影响

随着城市化进程不断加快，城市面积不断扩张，城市化对城郊农田生态系统的影响日益显著。由于城市化发展具有巨大的社会及经济价值，故城市扩张对城郊农田的占用是不可避免的。此外，由于农业生态系统的"三生"（生产、生活、生态）功能相较于其他同类型生态系统更能够满足居民的多种生活需求，故发展都市农业对贯彻党的乡村振兴、城乡一体化战略、维持城市生态可持续发展、提升城乡居民生活质量等方面均具有非常重要的意义。

从生产的角度来看，都市农业的发展一方面依赖于城郊农田的数量及质量，另一方面取决于农田植被的生长状况及其产量，而两者并非独立，后者仍受到前者深刻的影响。景观生态学为科学量化农田的数量及质量提供了较为系统的方法论，而农田植被的物候特征在一定程度上能够表征农田植被的生长状态及潜在产量，因此研究城郊农田景观格局对农田植被物候特征的影响对提升都市农业质量、优化都市农业布局、维持都市农业可持续发展等方面均具有重要的理论与现实意义。目前，尽管以往有部分研究论证了城市景观变化对部分类型植被（森林、草地等）的时间物候特征具有深刻的影响，但鲜有研究深入探讨城市化驱动的城郊农田景观变化对城郊农田植被物候变化特征的影响，特别是对生产力物候特征的影响。

基于此，本章针对中国不同气候背景下典型农业区，采用土地利用数据集及 NDVI 数据集，分别构建 10 个表征农田景观斑块特性及异质性特征的景观指标及 10 个表征农田植被时间特征及生长特征的物候指标，刻画中国不同气候背景下城郊农田景观格局变化特征，量化城郊农田景观格局与农田植被物候特征的相关关系，并探讨不同气候背景下农田景观组分、配置及其耦合效应对城郊农田植被生产力的重要性，以期为优化都市农业景观布局提供一定的论据支撑。

第一节　研究方法及数据处理

一、研 究 方 法

本节首先应用 Fragstats3.4 平台中 Moving Window 模块，选取边长为 900m 的滑动窗口，基于 2010 年 30m 空间分辨率的 GlobeLand30 数据提取的不透水面像元及农田像元，逐个窗口获取栅格尺度景观指数。后将得到的栅格尺度的景观指数数据集的分辨率统一到 1km×1km，与其他数据集进行空间匹配，为进一步分析研究区农田景观斑块及异质性特征提供可靠的数据支持。

然后，利用偏相关分析法量化能够表征农田植被多维度生长特征的物候指标与各景观指数的偏相关关系。然后，基于偏最小二乘法筛选出对城郊单位农田生长期累积生物量影响显著的景观配置及组分因子。在此基础上，使用普通最小二乘多元线性回归模型（OLS）来探测城市化驱动的农田景观格局变化对城郊单位农田生长期累积生物量的影响，并选用 OLS 中的决定系数（R^2）及回归系数参数来评估农田组分及配置指标对预测农田植被生长期累积生物量的相对重要性[329-331]。最后，利用方差分解法量化不同地理背景下景观组成及景观配置对单位农田生长期累积生物量影响的重要性[332-334]。

二、景观指标选择及数据预处理

本章中用于计算农田景观指数的 2010 年农田数据来源于国家基础地理信息中心提供的 GlobeLand30 数据，空间分辨率为 30m，其精准度已在第三章进行了详细的介绍，这里便不再赘述。

景观指数可大体分为 3 种级别，分别为斑块级别、类型级别、景观级别。通过量化不同级别的景观指数能够综合刻画不同级别景观格局信息及其变化规律。由于景观指标众多，在构建景观指标体系前需要进行筛选。通常景观指标的筛选主要基于针对性、可操性及实用性三大原则[335]。其中，针对性原则是指基于研究目的有针对性地挑选景观指数，由于本书重点关注农田景观格局对农田植被物候的影响，基于该原则仅选择了能够表征农田景观特征的斑块级别及类型级别的两大类景观指数；可操性原则是指选择的指标能够较为全面客观刻画景观特征，且不同景观指标含义不同，表达信息不重复；实用性原则是指选择易于理解且应用较为广泛的景观指数。

表 5-1　景观指数分类、公式及含义

指标分类	景观指标（缩写）	公式	含义
景观组分	不透水面占比（ISA）	$\text{ISA}=\dfrac{\sum_{i=1}^{n}a_i}{N}\times100\%$ N 为滑动窗口中总像元个数，n 为滑动窗口中不透水面像元的个数	分析单元内不透水面面积的比例。主要用以表征农田像元城市化发展程度及反映城市与农田的配比[336,337]
	斑块面积（CA）	$\text{CA}=\sum_{i=1}^{n}a_i$ a_i 为斑块 i 的面积，n 为斑块个数	分析单元内农田斑块总面积[338]，单位为 m^2
	平均斑块面积（AREA-MN）	$\text{AREA-MN}=\dfrac{\sum_{i=1}^{n}a_i}{n}$ a_i 为第 i 个斑块的面积，n 为斑块个数	分析单元内农田斑块的平均面积[339,340]，单位为 m^2
景观配置（斑块级别）	最大斑块指数（LPI）	$\text{LPI}=\dfrac{a_{max}}{A}$ a_{max} 为最大斑块面积，A 为斑块总面积	分析单元中最大的农田斑块面积占总分析单元面积的比例[331,341]
	斑块数量（NP）	$\text{NP}=\sum_{n=1}^{N}a_n$ a_n 为某类斑块的个数，N 为斑块类型数（本书只涉及农田，所以 N 取值为 1）	分析单元中农田斑块数总个数。斑块数量与景观的破碎呈正相关，斑块数量越多，破碎度越高，对景观中各种干扰的蔓延度的抑制作用更为显著[342]，单位为个
	平均斑块形状（SHAPE-MN）	$\text{SHAPE-MN}=\dfrac{\sum_{i=1}^{n}\dfrac{0.25p_i}{\sqrt{a_i}}}{n}$ a_i 为第 i 个斑块的面积，p_i 为第 i 个斑块的周长，n 为斑块个数	分析单元内农田斑块的平均形状指数。该指数用于反映斑块形状，其值越接近 1，表示斑块形状与方形越相近；其值越大，斑块形状与方形相差越大，形状越不规则[334,343]

续表

指标分类	景观指标（缩写）	公式	含义
	斑块密度（PD）	$PD = \dfrac{N}{A}$ N 为斑块总数，A 为斑块总面积	分析单元单位面积上的斑块数[344]，单位为 m^{-2}。PD 越大表征单元农田破碎化越严重
	边缘密度（ED）	$ED = \dfrac{\sum_{i=1}^{n} e_i}{A}$ e_i 为第 i 个斑块边缘长度，n 为斑块个数，A 为斑块总面积	分析单元内每平方千米内的农田斑块的总周长。其值的大小可以反映景观被边界切割的程度，值越大表示景观切割程度越高，破碎化程度越大，反之则景观保存完好，连通性高[344,345]，单位为 m^{-1}
景观配置（异质性级别）	平均周长面积比（PARA-MN）	$PARA\text{-}MN = \dfrac{\sum_{i=1}^{N} \dfrac{p_i}{a_i}}{N}$ a_i 为第 i 个斑块的面积，p_i 为第 i 个斑块的周长，N 为斑块个数	分析单元内农田斑块的总边长与农田斑块的总面积之比。该指标表征农田景观的破碎程度。PARA-MN 越小，则景观破碎化程度越高，相邻斑块之间相互影响越强烈，物质能量交流更多[346]
	核心区（TCA）	$TCA = \sum_{i=1}^{n} a_i^c$ a_i^c 为第 i 个斑块的核心区面积，n 为斑块个数	分析单元内指定边缘深度下，农田斑块由边缘向内收缩指定深度后的面积总和。核心区表征分析单元的抗扰性，抗扰性越弱，斑块受周围单元的抗扰性越大。斑块受周围边缘影响相对较弱，抗扰性越强[347]
	斑块分离度（DIVISION）	$DIVISION = 1 - \sum_{i=1}^{n} \left(\dfrac{a_i}{A}\right)^2$ a_i 为第 i 个斑块的面积，A 为斑块总面积，n 为斑块个数	DIVISION 用于分析单元内农田斑块数个体分布的分离度。该指标表征农田景观被分割的均匀程度。DIVISION 越大则农田景观被分割成更多的斑块，且景观分割情况较为均匀[348]

基于以上3个原则筛选10个与研究内容较为符合的景观指标对农田景观格局进行分析。这10个指标按照类型级别大体被分为两类。一类为表征农田斑块特征的景观指数，包括斑块面积指数（CA）、平均斑块面积指数（AREA-MN）、最大斑块指数（LPI）、斑块数量指数（NP）、平均斑块形状指数（SHAPE-MN）。另一类为表征景观异质性的指数，包括斑块密度指数（PD）、边缘密度指数（ED）、平均周长面积比指数（PARA-MN）、核心区指数（TCA）、斑块分离度指数（DIVISION）。各景观指数的具体定义、算法及含义如表5-1所示。

第二节　城郊农田景观格局变化

受城市化的影响，城郊农田景观格局发生了显著的变化，而农田景观格局变化间接地影响了农田植被的物候特征变化。故探究城郊农田景观格局沿城乡梯度的变化规律对于进一步理解城市化对农田植被物候的影响具有重要的意义。基于此，本节量化了城市化对城郊农田景观斑块特性及异质性特征的影响足迹。

一、城郊农田景观斑块特征沿城乡梯度的变化情况

从整体来看，在城市化发展进程中，交通运输网络的蔓延及建设用地的扩张导致了农田斑块面积（CA）、平均斑块面积（AREA-MN）及最大斑块面积（LPI）的下降[图5-1（a）、（d）、（c）]。三大农业区（MYP、HHHP及NCP）表征斑块面积特征的农田景观指标（CA、AREA-MN、LPI）均沿着城乡梯度呈指数型递增（$R^2>0.97$，$P<0.01$）。在距离城市区域10km以内，各指数递增率较快，且上述指标在城乡梯度上的最低值均位于最靠近城市的缓冲区内，该缓冲区内的 CA、AREA-MN 及 LPI 相较于远郊区分别下降了 45.92～66.3m^2、48.53～70.04m^2、38.88～56.81m^2。在3个农业区中，NCP区的斑块面积相关的指数（CA、AREA-MN、LPI）降低最为显著。此外，伴随斑块面积的急剧降低，斑块数量也随之增多。三个农业区的斑块数量（NP）沿着城乡梯度呈显著指数型递减，同样在城郊的10km内递减率最快。MYP、HHHP、NCP区的农田斑块数量分别由最靠近城市缓冲区的1.93、1.51、1.59个降至远郊区的1.37、1.14、1.14个。且在这3个农业区中，MYP区城郊的单位农田斑块数量降低最多（0.56个）。此外，该区单位农田斑块数量沿城乡梯度的递减率在3个农业区中也最大，分别是HHHP及NCP单位农田斑块数量递减率的2.08及1.88倍。以上结果均反映出城市化致使城郊农田受切割程度严重，斑块面积急剧下降。

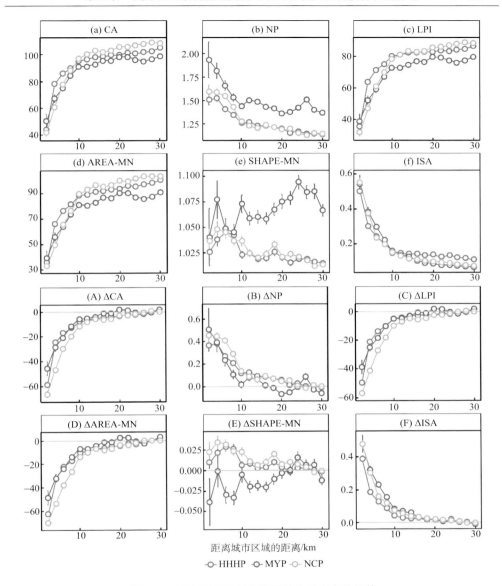

图 5-1　斑块级别景观指数沿城乡梯度变化规律

　　从斑块的形状特性来看，HHHP 及 NCP 区的 SHAPE-MN 相较于 MYP 更接近于 1，表明 HHHP 区的农田形状更接近方形。这可能是这两个农业区的气候干燥、地形平坦且农业发展更为集中广泛等多方面的原因共同导致了人类对该区农田管理及干预强度增大，故农田面积较为规则。而在 MYP 区，由于地形起伏相较于 HHHP 及 NCP 区更大，水系众多、人类活动强度较大，该地区的农田形状与 HHHP 及 NCP 区相比较不规则。

综上所述，三大农业区表征斑块面积特征的农田景观指标均沿着城乡梯度呈指数型递增，斑块数量沿城乡梯度呈指数型下降（表 5-2），斑块形状随城市化的发展变得复杂。且各表征农田面积特征的景观指标大都在距离城市区域 10km 以内的城郊区域变率较快，受城市化影响程度高。

表 5-2　三大农业区城市化对城郊农田斑块级别景观指数影响足迹的拟合方程及其相关参数

农业区	农田景观指数变化量	R^2	P	a	b	c	拟合方程	初始值
HHHP		0.979	0.000	−97.1	−0.262	−2.710	$y=-97.1e^{-0.262x}-2.71$	−62.44
MYP	ΔAREA-MN	0.986	0.000	−73.7	−0.195	1.250	$y=-73.7e^{-0.195x}+1.25$	−48.536
NCP		0.991	0.000	−102	−0.172	0.185	$y=-102e^{-0.172x}+0.185$	−70.05
HHHP		0.975	0.000	−107	−0.341	−2.550	$y=-107e^{-0.341x}-2.55$	−58.657
MYP	ΔCA	0.991	0.000	−71.6	−0.213	0.832	$y=-71.6e^{-0.213x}+0.832$	−45.923
NCP		0.995	0.000	−100	−0.203	−0.553	$y=-100e^{-0.203x}-0.553$	−66.353
HHHP		0.987	0.000	0.681	−0.308	0.012	$y=0.681e^{-0.308x}+0.012$	0.389
MYP	ΔISA	0.997	0.000	0.702	−0.192	0.000	$y=0.702e^{-0.192x}$	0.479
NCP		0.995	0.000	0.771	−0.249	0.009	$y=0.771e^{-0.249x}+0.009$	0.477
HHHP		0.984	0.000	−94.2	−0.35	−1.670	$y=-94.2e^{-0.35x}-1.67$	−49.621
MYP	ΔLPI	0.989	0.000	−60.3	−0.205	0.908	$y=-60.3e^{-0.205x}+0.908$	−38.888
NCP		0.994	0.000	−84.9	−0.194	−0.302	$y=-84.9e^{-0.194x}-0.302$	−56.806
HHHP		0.965	0.000	0.526	−0.0993	−0.031	$y=0.526e^{-0.0993x}-0.031$	0.364
MYP	ΔNP	0.930	0.000	0.838	−0.207	−0.024	$y=0.838e^{-0.207x}-0.024$	0.507
NCP		0.934	0.000	0.686	−0.11	−0.036	$y=0.686e^{-0.11x}-0.036$	0.454
HHHP		0.583	0.005	0.0473	−0.0267	−0.024	$y=0.0473e^{-0.0267x}-0.024$	0.01
MYP	ΔSHAPE-MN	0.46	0.025	−0.0904	−0.0172	0.058	$y=-0.0904e^{-0.0172x}+0.058$	−0.038
NCP		0.779	0.000	0.0902	−0.0157	−0.057	$y=0.0902e^{-0.0157x}-0.057$	0.023

注：各农业区的农田景观指数变化量用 $ae^{-bx}+c$（指数函数）来拟合，其中 $a+c$ 表示由指数函数拟合的城乡景观指数最大差异值，b 是递变率，c 是指数趋势可以达到的渐近值。

二、城郊农田景观异质性特征沿城乡梯度的变化情况

农田景观异质性主要指农田景观在时间或空间尺度上的不均匀性及复杂性，通过农田景观异质性指数沿着城乡梯度的变化情况可以识别出城郊农田分布的不均匀性及复杂性对城市化的响应规律（图 5-2、表 5-3）。从密度特征来看，受城

市化的影响，靠近城市的农田的斑块密度（PD）相较于城郊农田有显著的增大。MYP、HHHP、NCP 的斑块密度（PD）分别由最靠近城市的缓冲区的 0.97、0.76、0.80 个降至远郊区的 0.36、0.14、0.14 个，距离城市最近的农田缓冲区内的斑块密度相较于远郊区分别增加了约 1.71、4.54、4.65 倍。此外，各农业区的农田斑块密度均沿着城乡梯度呈指数型递减。

边缘密度（ED）沿着城乡梯度同样呈显著的指数型递减，这一方面反映出农田被不透水面边界切割程度伴随着城市化程度的降低不断减弱，另一方面反映出城郊农田面积的缩减以边缘侵蚀为主要侵蚀方式。边缘密度沿着城乡梯度的变化具有显著的空间异质性。MYP 的 ED 均高于 HHHP 与 NCP，而 ΔED 相较于其他两个区域在城郊 30km 内均较小。此外，农田的平均周长面积比（PARA-MN）随着城市化程度的提升也呈现指数型增长，且 MYP 区的 PARA-MN 在整个城乡梯度上均显著大于 HHHP 及 NCP 区。在城市边缘区的农田的 PARA-MN 达到峰值，但 MYP 区的平均 PARA-MN 最大（158m^{-1}），分别高于 HHHP 及 NCP 区 59.32% 及 36.28%。以上结果显示 MYP 区城郊农田景观的切割度更大，被切割范围较广，景观破碎化最为严重。

除此之外，农田核心区指数（TCA）沿着城乡梯度呈指数型递增，MYP、NCP 及 HHHP 3 个农业区的城市边缘的 TCA 相较于远郊区降低了 46.72%～61.50%，这说明城市化的发展导致城郊农田的抗扰性及稳定性急剧降低。

斑块分离度（DIVISION）虽然同样沿着城乡梯度呈显著的指数型递减，但相较于其他景观指数递减速率更快，特别是在 HHHP 区及 NCP 区，两区 DIVISION 的递减率平均（最低，最高）分别为其他指数的 7.71（2.71，17.16）倍、6.29（2.64，6.43）倍。城市化对其的影响范围较小，DIVISION 在距离城市 6km 以后变化幅度较小，而其他指数的影响范围通常大于 20km。以上结果同样反映城市化导致了城郊农田破碎化、切割化较为严重。

综上所述，城市化导致三大农业区城郊 20km 内农田的切割度加大，破碎度增加，抗扰性及稳定性急剧降低，进而促使农业生产的风险增加及农田管理成本提高，从总体上对农田生态系统造成不利影响。

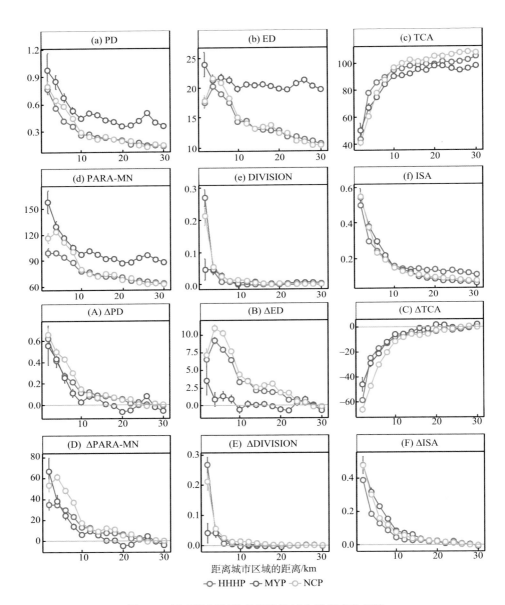

图 5-2　异质性级别景观指数沿城乡梯度变化规律

表 5-3　三大农业区城市化对城郊农田异质性级别景观指数影响足迹的拟合方程及其相关参数

农业区	农田景观指数变化量	R^2	P	a	b	c	拟合方程	初始值
HHHP	ΔDIVISION	0.999	0.000	1.690	−0.923	0.000	$y = 1.69e^{-0.923x}$	0.267
MYP	ΔDIVISION	0.891	0.000	0.077	−0.224	−0.003	$y = 0.077e^{-0.224x} - 0.003$	0.041
NCP	ΔDIVISION	0.993	0.000	0.769	−0.656	0.004	$y = 0.769e^{-0.656x} + 0.004$	0.212
HHHP	ΔED	0.890	0.000	13.000	−0.054	−3.000	$y = 13e^{-0.054x} - 3.000$	6.536
MYP	ΔED	0.757	0.000	6.900	−0.347	−0.114	$y = 6.9e^{-0.347x} - 0.114$	3.516
NCP	ΔED	0.855	0.000	16.300	−0.044	−4.830	$y = 16.3e^{-0.044x} - 4.830$	7.188
HHHP	ΔISA	0.987	0.000	0.681	−0.308	0.012	$y = 0.681e^{-0.308x} + 0.012$	0.389
MYP	ΔISA	0.997	0.000	0.702	−0.192	0.000	$y = 0.702 e^{-0.192x}$	0.479
NCP	ΔISA	0.995	0.000	0.771	−0.249	0.009	$y = 0.771e^{-0.249x} + 0.009$	0.477
HHHP	ΔPARA-MN	0.967	0.000	51.6	−0.085	−4.870	$y = 51.6e^{-0.085x} - 4.870$	35.106
MYP	ΔPARA-MN	0.979	0.000	109	−0.246	−0.855	$y = 109 e^{-0.246x} - 0.855$	66.706
NCP	ΔPARA-MN	0.922	0.000	84.2	−0.102	−5.330	$y = 84.2e^{-0.102x} - 5.330$	53.341
HHHP	ΔPD	0.988	0.000	0.87	−0.19	0.014	$y = 0.87e^{-0.19x} + 0.014$	0.621
MYP	ΔPD	0.940	0.000	0.925	−0.209	−0.025	$y = 0.925e^{-0.209x} - 0.025$	0.557
NCP	ΔPD	0.978	0.000	0.925	−0.149	−0.012	$y = 0.925e^{-0.149x} - 0.012$	0.656
HHHP	ΔTCA	0.975	0.000	−107	−0.341	−2.550	$y = -107e^{-0.341x} - 2.550$	−58.657
MYP	ΔTCA	0.991	0.000	−71.6	−0.213	0.832	$y = -71.6e^{-0.213x} + 0.832$	−45.923
NCP	ΔTCA	0.995	0.000	−100	−0.203	−0.553	$y = -100e^{-0.203x} - 0.553$	−66.353

第三节　城郊农田景观格局变化对城郊农田植被物候特征的影响

一、城郊农田景观与农田植被不同生长阶段时间物候特征的相关关系

　　物候是气候变化非常灵敏的指示器之一,其对微气候变化的反馈也十分敏感。而城市的扩张往往伴随着城郊土地利用类型的景观格局的变化,进而引发局地微气候的变化。尽管,部分研究围绕着物候对景观格局的响应进行了一系列的研究,但大部分相关研究主要关注于自然植被的部分关键物候节点(生长期开始时间、生长期结束时间、生长期长度)对景观格局变化的响应,而对于农田植被物候关键时间节点对应的农田植被生长状况及关键物候期累积生物量等方面的物候指标

研究较为匮乏。此外，由于城市化是气候变化研究中重要的"自然实验室"，而关键时间节点对应的农田植被生长状况及关键物候期累积生物量等指标能够较好地反映农田植被在关键时间节点的生长状况及不同关键物候期累积的作物产量，故研究这些与农田植被生长状况及生产力息息相关的物候指标对探究农田植被对气候变化的响应规律具有重要的研究价值。目前，关于反映农田植被生长状况的农田植被物候特征对城市化驱动的农田景观变化的反馈机制研究较为匮乏。基于此，本节详细探讨了城市化驱动的城郊农田景观格局变化对城郊农田植被物候的影响，从景观生态学及物候学的角度进一步认识城市化对农田植被的影响规律。

（一）农田植被不同生长阶段时间物候特征与农田景观指数的相关关系

本节涉及的表征农田植被不同生长阶段时间物候特征的指标按照其特征可大致分为两类。一类为"段类型"时间物候特征，包括花前生长期持续时间（BeforeMax$T$）、花后生长期持续时间（AfterMax$T$）、生长期持续时间（LengthGS），这种类型的指标主要指示农田植被生长期不同阶段持续时间。另一类为"点类型"时间物候特征，包括生长期开始时间（Onset$T$）、生长期 NDVI 峰值发生时间（Max$T$）及生长期结束时间（Offset$T$），这种类型的指标主要指示农田植被生长起始、开花及结束等重要的时刻。

图 5-3 展示了农田斑块类型景观指数与农田植被不同生长阶段时间物候特征的偏相关关系。从总体来看，"段类型"时间物候特征，包括花前生长期持续时间（BeforeMax$T$）、花后生长期持续时间（AfterMax$T$）、生长期持续时间（LengthGS）均与描述斑块面积的指标（CA、LPI、AREA-MN）呈显著负相关（$P<0.01$）。即花前生长期持续时间、花后生长期持续时间、生长期持续时间随着斑块面积（CA）、最大斑块指数（LPI）、平均斑块面积（AREA-MN）的增大而降低，且 3 个表征斑块面积的景观指标与相同的"段类型"时间物候特征的相关性数量差异较小，偏相关系数差异不大于 0.05。而不同区域的表征斑块面积的景观指标与相同的"段类型"时间物候特征的相关性具有显著差异，偏相关系数基本随着纬度的增大而增大，具体反映在 MYP、HHHP 及 NCP 的 LengthGS 与 CA、LPI、AREA-MN 的偏相关系数的平均值分别为 0.15、0.22、0.32，平均纬度最高的 NCP 区的偏相关系数分别是纬度次高的 HHHP 区及纬度最低的 MYP 的 1.45 及 2.13 倍。斑块数量（NP）及平均形状指数（SHAPE-MN）均与花前生长期持续时间（BeforeMax$T$）、花后生长期持续时间（AfterMax$T$）、生长期持续时间（LengthGS）呈显著正相关。这反映出农田斑块数量增加与农田形状复杂化可能会导致花前生长期持续时间

（BeforeMax$T$）、花后生长期持续时间（AfterMax$T$）、生长期持续时间（LengthGS）
延长。

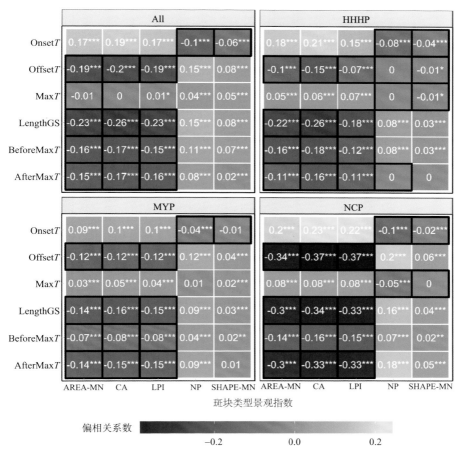

图 5-3　农田斑块类型景观指数与农田植被不同生长阶段时间物候特征的偏相关关系

*、**、***分别代表通过 $P=0.1$、$P=0.05$、$P=0.01$ 显著性水平的显著性检验

　　相较于各"段类型"的时间物候特征与各斑块指标相关关系的一致性，各"点类型"的时间物候特征与斑块类型景观指数的偏相关关系具有明显的差异。各农业区的斑块面积（CA）、最大斑块指数（LPI）、平均斑块面积（AREA-MN）与生长期开始时间（Onset$T$）均在 $P<0.01$ 的水平上呈现显著正相关，各农业区总体偏相关系数为 0.17～0.19；与生长期结束时间（Offset$T$）均在 $P<0.01$ 的水平上呈现显著负相关，各农业区总体偏相关系数为 –0.19～–0.2；与生长期 NDVI 峰值发生时间（Max$T$）无显著相关性，偏相关系数均不大于 0.01。以上结果反映了斑块

面积的降低可能会导致农田植被生长期开始时间提前，农田植被生长期结束时间推迟，对生长期 NDVI 峰值发生时间无明显影响。斑块数量（NP）及平均形状指数（SHAPE-MN）与生长期开始时间（OnsetT）均在 $P<0.01$ 的水平上呈现显著负相关，与生长期结束时间（OffsetT）均在 $P<0.01$ 的水平上呈现显著正相关，与生长期 NDVI 峰值发生时间（MaxT）虽通过了显著性检验，但偏相关系数均不大于 0.05。以上结果表明农田斑块数量增加与农田形状复杂化会导致农田植被生长期开始时间（OnsetT）提前、生长期结束时间（OffsetT）延后。但相较于斑块面积特征，斑块数量与形状与农田植被不同生长阶段时间物候特征的指标相关性较低，从侧面衬托出了农田斑块面积对农田植被生长的时间有着较为重要的影响。

（二）农田植被不同生长阶段时间物候特征与农田异质性特征景观指数的相关关系

同样，农田景观的异质性特征对农田植被不同生长阶段时间物候特征也产生了显著的影响（图 5-4）。在表征农田景观异质性的 5 个指数中，除核心区指数（TCA）用于表征农田的抗扰性外，其余的 4 个指标，包括斑块密度（PD）、边缘密度（ED）、平均周长面积比（PARA-MN）、斑块分离度指数（DIVISION）均从不同的角度刻画农田景观的破碎度。由于 4 个指标在表达农田景观含义上具有一定的相似性，故将该 4 个指标统称"破碎度景观指标"。

总体来看，所有的破碎度景观指标与生长期开始时间（OnsetT）均在 $P<0.01$ 的水平上呈现显著负相关，与生长期结束时间（OffsetT）均在 $P<0.01$ 的水平上呈现显著正相关。核心区指数（TCA）与之相反，与生长期开始时间（OnsetT）呈现显著正相关，与生长期结束时间（OffsetT）呈显著负相关。3 个农业区的边缘密度（ED）、平均周长面积比（PARA-MN）、斑块分离度指数（DIVISION）均与 MaxT 虽然在 $P<0.01$ 水平上呈显著的负相关，但相关性较弱，偏相关系数的绝对值均不大于 0.05；TCA 与之相反，虽与 MaxT 呈显著的正相关，但相关性均小于 0.1，表明相关性较弱。

此外，斑块密度（PD）、边缘密度（ED）、平均周长面积比（PARA-MN）、斑块分离度指数（DIVISION）均与花前生长期持续时间（BeforeMaxT）、花后生长期持续时间（AfterMaxT）、生长期持续时间（LengthGS）呈显著正相关（$P<0.01$）。核心区指数（TCA）与花前生长期持续时间（BeforeMaxT）、花后生长期持续时间（AfterMaxT）、生长期持续时间（LengthGS）均在 $P<0.01$ 水平上呈显著负相关。

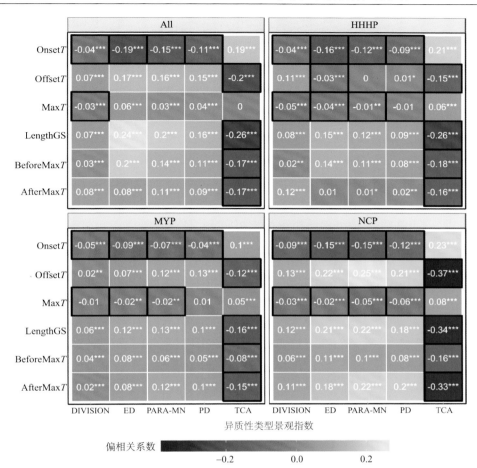

图 5-4　农田异质性类型景观指数与农田植被不同生长阶段时间物候特征的偏相关关系

*、**、***分别代表通过 $P=0.1$、$P=0.05$、$P=0.01$ 显著性水平的显著性检验

综上所述，农田景观破碎度的提高及斑块稳定性的降低可能会导致农田植被生长期开始时间提前，农田植被生长期结束时间推迟，促使花前生长期持续时间、花后生长期持续时间、生长期持续时间增长。

二、城郊农田景观与农田植被不同生长阶段生长物候特征的相关关系

（一）农田植被不同生长阶段生长物候特征与农田斑块特征景观指数的相关关系

本节用于刻画农田植被不同生长阶段生长物候特征根据指标的定义方法分为

两大类。一类为"累积型"生长物候特征指标，包括生长期累积生物量（TINDVI）、花前生长期累积生物量（TINDVIBeforeMax）、花后生长期累积生物量（TINDVIAfterMax），主要用于反映在特定的生长阶段，单位农田累积的农田植被生物量。另一类为"状态型"生长物候特征指标选择了生长期 NDVI 峰值（Max$V$），主要原因为 Max$V$ 能够反映农田植被的生长力。

如图 5-5 所示，"累积型"及"状态型"生长物候特征指标均与描述斑块面积的指标（CA、LPI、AREA-MN）呈显著正相关（$P<0.01$），即生长期累积生物量（TINDVI）、花前生长期累积生物量（TINDVIBeforeMax）、花后生长期累积生物量（TINDVIAfterMax）、生长期 NDVI 峰值（Max$V$）随着斑块面积（CA）、最大斑块指数（LPI）、平均斑块面积（AREA-MN）的增大而增大，且 3 个表征斑块

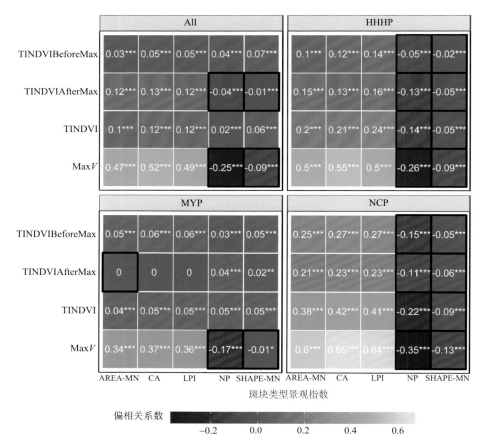

图 5-5　农田斑块类型景观指数与农田植被不同生长阶段生长物候特征的偏相关关系

*、**、***分别代表通过 $P=0.1$、$P=0.05$、$P=0.01$ 显著性水平的显著性检验

面积的景观指标与相同的"累积型"生长物候特征指标的偏相关性数量差异较小，偏相关系数差异不大于 0.02。

不同农业区表征斑块面积的景观指标与相同的生长物候特征指标的相关性具有显著差异，相关关系基本随着纬度的增大而增大，如 MYP、HHHP 及 NCP 的 TINDVI 与 CA、LPI、AREA-MN 相关系数的平均值分别为 0.05、0.22、0.40，平均纬度最高的 NCP 区该相关系数分别是纬度次高的 HHHP 区及纬度最低的 MYP 的 1.81 及 8.00 倍。MYP、HHHP 及 NCP 的 $MaxV$ 与 CA、LPI、AREA-MN 相关系数的平均值分别为 0.36、0.52、0.63，平均纬度最高的 NCP 区该相关系数分别是纬度次高的 HHHP 区及纬度最低的 MYP 的 1.21 及 1.75 倍。

斑块数量（NP）、平均形状指数（SHAPE-MN）与生长期 NDVI 峰值（$MaxV$）的偏相关关系在 3 个农业区具有一致性，均呈显著负相关。而斑块数量（NP）、平均形状指数（SHAPE-MN）与生长期累积生物量（TINDVI）、花前生长期累积生物量（TINDVIBeforeMax）、花后生长期累积生物量（TINDVIAfterMax）在 HHHP 及 NCP 区呈显著的负相关（$P<0.01$），而在 MYP 区则呈现显著正相关，但相关性较弱，均小于 0.05。

此外，与"状态型"生长物候特征相比，"累积型"生长物候特征与各景观指标的相关性较弱。可能因为是"累积型"生长物候特征反映的是农田植被生长状况在一定时间内的累积表现，相较于"状态型"生长物候特征，可能受到的影响因素更多，故对景观格局的响应方式更倾向于非线性响应。综上所述，农田细碎斑块数量增加与农田形状复杂化会导致单位农田生长期 NDVI 峰值（$MaxV$）降低。此外，相较于长江中下游平原区，华北平原区及东北平原区城郊农田植被生长期累积生物量（TINDVI）、花前生长期累积生物量（TINDVIBeforeMax）、花后生长期累积生物量（TINDVIAfterMax）对斑块类型景观变化响应更为敏感。

（二）农田植被不同生长阶段生长物候特征与农田异质性特征景观指数的相关关系

如图 5-6 所示，在 HHHP 区及 NCP 区，绝大部分的破碎度景观指标与生长期累积生物量（TINDVI）、花前生长期累积生物量（TINDVIBeforeMax）、花后生长期累积生物量（TINDVIAfterMax）、生长期 NDVI 峰值（$MaxV$）均在 $P<0.01$ 的水平上呈现显著负相关。而在 MYP 区，尽管所有的破碎度景观指标均与生长期 NDVI 峰值（$MaxV$）在 $P<0.01$ 的水平上呈现显著负相关。但在该区域，破碎度景观指标与生长期累积生物量（TINDVI）、花前生长期累积生物量

（TINDVIBeforeMax）、花后生长期累积生物量（TINDVIAfterMax）呈显著的正相关，但相关性较弱，偏相关系数均低于 0.06，这表示城郊农田破碎度增大并未对MYP 区不同时期的生物量造成较大的影响。

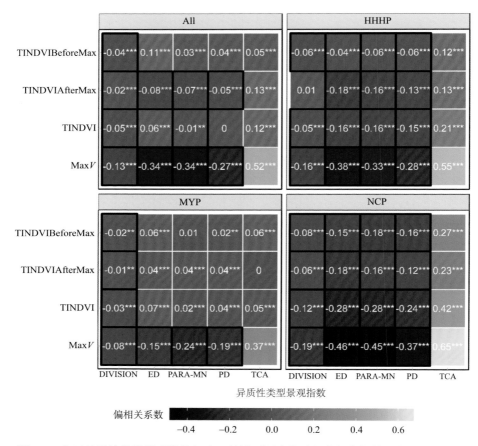

图 5-6　农田异质性类型景观指数与农田植被不同生长阶段生长物候特征的偏相关关系

*、**、***分别代表通过 $P=0.1$、$P=0.05$、$P=0.01$ 显著性水平的显著性检验

此外，在 3 个农业区中，本节涉及的所有农田植被生长指数基本均与核心区指数（TCA）则呈现显著的正相关，这显示出农田植被的生长及生产状况可能随着农田抗扰性的增加而有所提高。但在纬度较高，背景气温较低的 NCP 区，如NCP 区的 TINDVI 与 TCA 的相关系数分别为 HHHP 及 MYP 区的 2 倍及 8.1 倍。这也反映出农田植被的生长状况与城市景观的关系随着纬度增加更紧密。综上所述，农田破碎度的降低及农田稳定性的增加对农田植被生物量的累积及农田植被

生长状况有着明显的正向影响，且这种正向效应随着纬度的增加而增强。

第四节　城市化驱动的农田组分配置变化对城郊单位农田生长期累积生物量的影响

由于农田组分及配置的变化，城郊单位农田生长期农田植被累积生物量发生了明显的变化，而不透水面扩张驱动的农田景观组分及配置的变化是否均对城郊单位农田生长期农田植被累积生物量具有显著影响？在不同农业区，上述指标哪种景观格局因素起着主导作用？城市化驱动农田组分和配置的变化对单位农田生长期农田植被累积生物量的影响是否存在显著的交互作用？城郊农田的景观格局如何布设最有利于单位农田生长期农田植被生物量的累积？本节就以上问题进行了详细的论证与阐述。

一、筛选影响城郊单位农田生长期累积生物量的重要景观指数

由于在本节中涉及的景观指标有 10 个，从上节成果可知不同景观格局指数与单位农田生长期农田植被累积生物量的相关关系具有显著差异。故在探讨农田组分、农田景观配置，及其耦合关系对单位农田生长期累积生物量的影响之前，首先需要筛选对单位农田生长期累积生物量影响最显著的景观因子。基于此，本节选用 PLS 方法筛选对城郊单位农田生长期农田植被累积生物量影响最显著的景观指标。由图 5-7 明显看出，在 3 个代表性的农业区中，对单位农田生长期累积

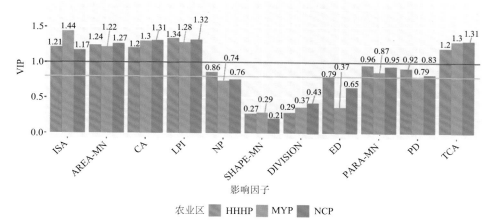

图 5-7　不同类型景观指数对单位农田生长期农田植被累积生物量影响的重要性评估

生物量具有明显解释意义的景观变量具有明显的一致性。三大农业区的 ISA、AREA-MN、CA、LPI 及 TCA 的 VIP 均大于 1,这些指数均从不同角度刻画了景观斑块面积,这与上节的研究成果较为一致。以上结果表明,与农田面积相关的景观配置指数(AREA-MN、CA、LPI、TCA)及表征农田景观组分的 ISA 指数均对单位农田生长期累积生物量具有较为显著的解释意义及影响。

二、城郊农田景观配置及组分对单位农田生长期累积生物量的影响

为进一步探究农田景观组成、农田景观配置及其耦合效应对单位农田生长期累积生物量的影响,本节选用 OLS 算法,探测农田景观组分指标(ISA)、各通过 VIP 检验的农田景观配置指标及其交互因子对单位农田生长期累积生物量进行回归,通过拟合优度(R^2)及回归系数来评估农田景观组分指标、各表征斑块面积特征的农田景观配置指数及其耦合关系对单位农田累积生物量的相对重要性。如图 5-8 所示,各单一影响因子 ISA、AREA-MN、CA、LPI 及 TCA 对城郊单位农田生长期累积生物量的拟合优度均通过 $P<0.01$ 等级的显著性检验,再次证明被选择的这些农田景观因子对单位农田生长期累积生物量具有重要的意义。通过进一步对比不同农业区 ISA 与各农田配置因子的拟合优度可知,在纬度较低、气候较为暖湿的 MYP 区,相较于各景观配置因子,景观组分(ISA)对单位农田 TINDVI 的解释度更高。ISA 对单位农田 TINDVI 的解释程度高于各景观配置因子 10.92%～22.10%,回归系数高于 ISA 40.07%～59.47%。而在气候相对干冷的 HHHP 及 NCP 区,各景观配置因子对 TINDVI 的解释率高于 ISA。其中,在 3 个农业区中纬度最高、气温较为干冷的 NCP,各景观配置因子对 TINDVI 的解释程度高于 ISA 20.31%～30.27%,回归系数高于 ISA 99.40%～189.84%。由此推测出纬度因素对景观指数与 TINDVI 的关系具有“放大镜”作用,即两者相关性随着纬度增大而增大。

除 MYP 区的 ISA 与 AREA-MN 及 NCP 区的 ISA 与 LPI 的交互作用对单位农田 TINDVI 拟合效果未通过显著性检验外,其他地区 ISA 与各景观指数的交互作用均通过了显著性检验。由此表明农田组分及农田配置具有显著的交互作用,且这种交互作用的回归系数大都为负反馈,即 ISA 与各景观指标的交互作用对农田生长期农田植被累积生物量具有负面的影响。

另外,在三大农业区,本节涉及的与斑块面积相关的景观配置指数的回归系数均为正,而 ISA 的系数均为负,斑块面积的增加有利于生长期农田植被生物量的累积。这可能是由于城市化导致斑块破碎化,进而引发斑块周长面积比增大,

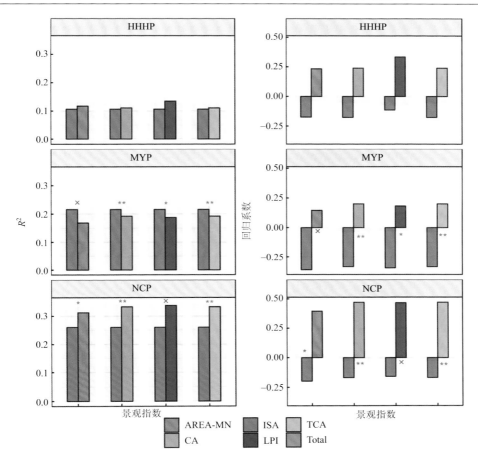

图 5-8　农田景观组成、重要景观配置指数及其交互作用与 TINDVI 相关关系

Total 代表单一农田景观配置因子与农田组分因子的交互作用项。所有的单因子均通过了 $P=0.01$ 的显著性检验，故未进行标注；×、*、**分别代表 Total 未通过显著性检验、通过 $P=0.1$ 的显著性检验、通过 $P=0.05$ 的显著性检验

使农田受到边缘效应的影响增大（图 5-9）。边缘效应会使得农田边缘容易受到如风、洪涝、人类活动等外部干扰因素的影响[349]，进而可能增加单位农田生长期累积生物量发生损失的风险。反之，斑块面积的增大有利于提高农田的抗干扰能力。因此，在优化都市农业布局时，应尽量使农田聚集化、连片化和规模化，这样一方面有利于农业产量的提升，另一方面也便于人类进行农田管理与灌溉活动的开展。

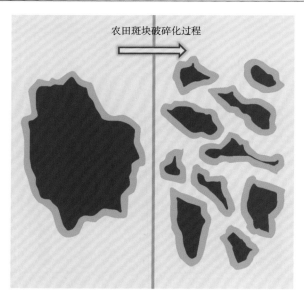

图 5-9　农田斑块边缘效应概念图

三、不同地理背景下城郊景观组成及景观配置对单位农田生长期累积生物量影响的重要性

由上面结果可知，地理背景、景观组成及景观配置均对单位农田生长期农田植被累积生物量具有显著影响。为了从提高单位农田生长期累积生物量的角度出发，对不同气候背景下城郊都市农业区的景观组成及配置提供更有效的优化建议，本节拟通过方差分解算法来衡量不同类指标的相对重要性。如图 5-10（a）～（f），在纬度较低、气候较为暖湿的 MYP 区域，地理因子（X_3）的总体解释率为 20%，分别是 HHHP 及 NCP 区的 1.4 及 2 倍。地理因子（X_3）单独对单位农田 TINDVI 的拟合优度为 0.20，分别是 HHHP 及 NCP 区的 1.54 及 2.86 倍。由此表明，在 MYP 区，相较于农田的景观组成及景观配置，地理背景因子是控制 TINDVI 空间变化最重要的影响因子。

此外，随着纬度升高、背景气温的降低，农田景观配置（X_1）对单位农田 TINDVI 的重要性逐渐增大，具体表现为 MYP、HHHP 及 NCP 对单位农田 TINDVI 的单独解释率分别为 0%、7% 及 9%。此外，NCP 区农田景观配置（X_1）对 TINDVI 的拟合优度分别是 HHHP 及 NCP 区的 1.7 及 2.1 倍。

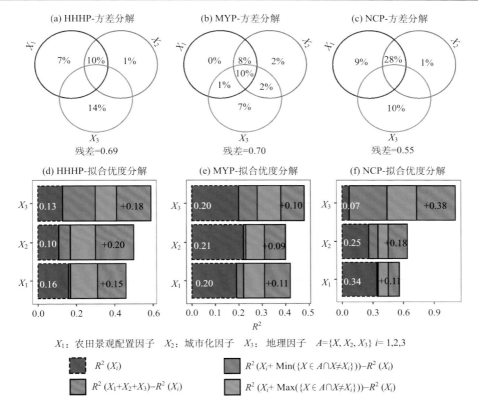

X_1：农田景观配置因子　X_2：城市化因子　X_3：地理因子　$A=\{X, X_2, X_3\}$ i=1,2,3

图 5-10　三大农业区农田景观配置因子、城市化因子及地理因子对 TINDVI 的方差分解结果

　　另外，农田景观配置（X_1）及景观组成（X_2）对单位农田 TINDVI 的交互解释率较大（10%～28%），相较于景观组成（X_2）及景观配置（X_1）对 TINDVI 的单独解释率更高，这是由于城市化的扩张常驱动城郊农田的景观格局发生联动变化，两个因子通常相伴而生，促使两者对单位农田 TINDVI 的交互解释率偏高。此外，不同农业区的 OLS 残差结果具有较大差异。在 NCP 区，地理背景、景观组成、景观配置及其耦合效应能够解释 45%的方差，而在 HHHP 及 MYP 区分别仅能解释 31%、30%的方差。这是由于除了地理背景、景观组成及景观配置这 3 类因子外，影响城郊农田植被生长期累积生物量的因子还存在很多，如气温、降水、土壤、养分等，故致使方差解释率相对不高。而从 3 种类型因子及其耦合作用对单位农田 TINDVI 的拟合效果[图 5-10（d）～（f）]来看，各类型影响因子的耦合效应均能提高对单位农田 TINDVI 的解释率，3 类影响因子的耦合效应对单位农田 TINDVI 的拟合优度相较于单一因子最高可提高 32%～543%。此外，对纬度相对较高的农业区进行农田景观配置的优化会更加具有经济和现实效应。

第五节　本　章　小　结

本章基于移动窗口法计算了优选的 10 个景观格局指数,应用城乡梯度分析法揭示了中国不同气候背景条件下典型农业区城郊农田景观斑块特征及异质性特征景观指数对城市化的响应规律,通过偏相关分析探测了农田景观与多维度农田植被物候特征的相关关系。选用偏最小二乘法优选对单位农田生长期农田植被累积生物量影响最为显著的景观组分及配置指数,然后通过最小二乘法及方差分解法探究不同指数之间的耦合效应,并对比了不同农业区地理背景、景观组分及配置的相对重要性,最终得到以下结论。

（1）三大农业区城郊农田表征斑块面积特征的农田景观指标均沿着城乡梯度呈显著的指数型递增,斑块数量、边缘密度、斑块密度、平均面积周长比、斑块分离度沿城乡梯度呈显著的指数型递减。故城郊农田总体呈现斑块面积减小、切割度加大、破碎度增加、抗扰性及稳定性降低等变化特征,进而促使农业生产的风险增加及农田管理成本提高,从总体上对农田生态系统造成不利影响。

（2）农田斑块细碎化、斑块数量增多、农田形状复杂化、斑块稳定性的降低会导致花前生长期持续时间（BeforeMax$T$）、花后生长期持续时间（AfterMax$T$）、生长期持续时间（LengthGS）延长。且各类表征农田植被时间物候特征的指标对斑块面积变化的敏感度要高于斑块异质性变化。此外,斑块面积增加、农田破碎度降低及农田稳定性增加对不同生长期阶段单位农田植被生物量的累积及农田植被生长状况有着明显的正向影响,且这种正向效应随着纬度的增加而增强。

（3）农田景观组成、农田景观配置及其耦合效应对城郊单位农田生长期累积生物量（TINDVI）具有显著的影响。不同农业区由于气候背景的差异,导致主导因素具有显著空间异质性。总体上,农田配置对城郊单位农田植被生长期累积生物量的重要性随着纬度升高而增加。在中国三大农业区中,气候相对干冷的黄淮海平原及东北平原区,各景观配置因子对单位农田 TINDVI 的解释率高于景观组成因子。其次,在相对纬度最高、气候较为干冷的东北平原区,城郊农田的各景观配置因子对单位农田 TINDVI 的解释程度高于景观组成因子 20.31%～30.27%,回归系数高于农田组成因子 99.40%～189.84%。此外,在城市化率固定的情况下,增加斑块面积,有利于生长期农田植被生物量的累积。

参 考 文 献

[1] Fujimori S, Hasegawa T, Krey V, et al. A multi-model assessment of food security implications of climate change mitigation[J]. Nature Sustainability, 2019, 2(5): 386-396.

[2] FAO, IFAD, WFP. The State of Food Insecurity in the World 2015: Meeting the 2015 International Hunger Targets: Taking Stock of Uneven Progress[J]. Rome: FAO, 2015: 623-624.

[3] Keating B, Carberry P. Sustainable production, food security and supply chain implications[J]. Aspects of Applied Biology, 2010, 102: 7-20.

[4] Keating B A, Herrero M, Carberry P S, et al. Food wedges: Framing the global food demand and supply challenge towards 2050[J]. Global Food Security, 2014, 3(3-4): 125-132.

[5] Cole M B, Augustin M A, Robertson M J, et al. The science of food security[J]. NPJ Science of Food, 2018, 2(1): 14.

[6] Lobell D B, Gourdji S M. The influence of climate change on global crop productivity[J]. Plant Physiology, 2012, 160(4): 1686-1697.

[7] Seto K C, Shepherd J M. Global urban land-use trends and climate impacts[J]. Current Opinion in Environmental Sustainability, 2009, 1(1): 89-95.

[8] Seto K C, Güneralp B, Hutyra L R. Global forecasts of urban expansion to 2030 and direct impacts on biodiversity and carbon pools[J]. Proceedings of the National Academy of Sciences of the United States of America, 2012, 109(40): 16083-16088.

[9] 陈倩. 城市高温热浪与热岛效应的协同作用及其健康风险评估: 以长三角地区为例[D]. 南昌: 江西师范大学, 2017.

[10] Zhao S, Liu S, Zhou D. Prevalent vegetation growth enhancement in urban environment[J]. Proceedings of the National Academy of Sciences of the United States of America, 2016, 113(22): 6313-6318.

[11] Zhang Q, Wu Z X, Yu H Q, et al. Variable urbanization warming effects across metropolitans of China and relevant driving factors[J]. Remote Sensing, 2020, 12: 1500.

[12] Schwandner F M, Gunson M R, Miller C E, et al. Spaceborne detection of localized carbon dioxide sources[J]. Science, 2017, 358(6360): 5782.

[13] Grimm N B, Faeth S H, Golubiewski N E, et al. Global change and the ecology of cities[J]. Science, 2008, 319(5864): 756-760.

[14] Li X C, Zhou Y Y, Asrar G R, et al. Response of vegetation phenology to urbanization in the conterminous United States[J]. Global Change Biology, 2017, 23(7): 2818-2830.

[15] Imhoff M L, Bounoua L, DeFries R, et al. The consequences of urban land transformation on net primary productivity in the United States[J]. Remote Sensing of Environment, 2004, 89(4):

434-443.

[16] Theodorou P, Radzevičiūtė R, Lentendu G, et al. Urban areas as hotspots for bees and pollination but not a panacea for all insects[J]. Nature Communications, 2020, 11(1): 576.

[17] Zhou D, Zhao S, Zhang L, et al. The footprint of urban heat island effect in China[J]. Scientific Reports, 2015, 5: 11160.

[18] Wang S, Ju W, Peñuelas J, et al. Urban-rural gradients reveal joint control of elevated CO_2 and temperature on extended photosynthetic seasons[J]. Nature Ecology & Evolution, 2019, 3(7): 1076-1085.

[19] Martellozzo F, Landry J S, Plouffe D, et al. Urban agriculture: a global analysis of the space constraint to meet urban vegetable demand[J]. Environmental Research Letters, 2014, 9(6): 064025.

[20] McDougall R, Kristiansen P, Rader R. Small-scale urban agriculture results in high yields but requires judicious management of inputs to achieve sustainability[J]. Proceedings of the National Academy of Sciences of the United States of America, 2019, 116(1): 129-134.

[21] Mok H F, Williamson V G, Grove J R, et al. Strawberry fields forever? Urban agriculture in developed countries: A review[J]. Agronomy for Sustainable Development, 2014, 34(1): 21-43.

[22] Poulsen M N, McNab P R, Clayton M L, et al. A systematic review of urban agriculture and food security impacts in low-income countries[J]. Food Policy, 2015, 55: 131-146.

[23] Warren E, Hawkesworth S, Knai C. Investigating the association between urban agriculture and food security, dietary diversity, and nutritional status: A systematic literature review[J]. Food Policy, 2015, 53: 54-66.

[24] Yu B. Ecological effects of new-type urbanization in China[J]. Renewable and Sustainable Energy Reviews, 2021, 135: 110-239.

[25] 卫炜. Modis 双星数据协同的耕地物候参数提取方法研究[D]. 北京: 中国农业科学院, 2015.

[26] United Nations. 2018 revision of world urbanization prospects[J]. 2018.

[27] Yao R, Cao J, Wang L, et al. Urbanization effects on vegetation cover in major African cities during 2001-2017[J]. International Journal of Applied Earth Observation and Geoinformation, 2019, 75: 44-53.

[28] Davies Z G, Edmondson J L, Heinemeyer A, et al. Mapping an urban ecosystem service: Quantifying above-ground carbon storage at a city-wide scale[J]. Journal of Applied Ecology, 2011, 48(5): 1125-1134.

[29] Myeong S, Nowak D J, Duggin M J. A temporal analysis of urban forest carbon storage using remote sensing[J]. Remote Sensing of Environment, 2006, 101(2): 277-282.

[30] Yao R, Wang L, Huang X, et al. Temporal trends of surface urban heat islands and associated determinants in major Chinese cities[J]. Science of the Total Environment, 2017, 609: 742-754.

[31] Zhou W, Wang J, Cadenasso M L. Effects of the spatial configuration of trees on urban heat mitigation: A comparative study[J]. Remote Sensing of Environment, 2017, 195: 1-12.

[32] Doick K J, Peace A, Hutchings T R. The role of one large greenspace in mitigating London's nocturnal urban heat island[J]. Science of the Total Environment, 2014, 493: 662-671.

[33] Oldfield E E, Warren R J, Felson A J, et al. Challenges and future directions in urban afforestation[J]. Journal of Applied Ecology, 2013, 50(5): 1169-1177.

[34] Zhang B, Yang Y-S, Zepp H. Effect of vegetation restoration on soil and water erosion and nutrient losses of a severely eroded clayey Plinthudult in southeastern China[J]. CATENA, 2004, 57(1): 77-90.

[35] Nowak D J, Crane D E, Stevens J C. Air pollution removal by urban trees and shrubs in the United States[J]. Urban Forestry & Urban Greening, 2006, 4(3-4): 115-123.

[36] Salmond J, Williams D, Laing G, et al. The influence of vegetation on the horizontal and vertical distribution of pollutants in a street canyon[J]. Science of the Total Environment, 2013, 443: 287-298.

[37] Fang C F, Ling D L. Investigation of the noise reduction provided by tree belts[J]. Landscape and Urban Planning, 2003, 63(4): 187-195.

[38] Pathak V, Tripathi B D, Mishra V K. Dynamics of traffic noise in a tropical city Varanasi and its abatement through vegetation[J]. Environmental Monitoring and Assessment, 2008, 146(1-3): 67-75.

[39] Quigley M F. Franklin Park: 150 years of changing design, disturbance, and impact on tree growth[J]. Urban Ecosystems, 2002, 6(3): 223-235.

[40] Quigley M F. Street trees and rural conspecifics: Will long-lived trees reach full size in urban conditions?[J]. Urban Ecosystems, 2004, 7(1): 29-39.

[41] Takagi M, Gyokusen K. Light and atmospheric pollution affect photosynthesis of street trees in urban environments[J]. Urban Forestry & Urban Greening, 2004, 2(3): 167-171.

[42] O'Brien A M, Ettinger A K, Lambers J H R. Conifer growth and reproduction in urban forest fragments: Predictors of future responses to global change?[J]. Urban Ecosystems, 2012, 15(4): 879-891.

[43] Briber B M, Hutyra L R, Reinmann A B, et al. Tree productivity enhanced with conversion from forest to urban land covers[J]. PLoS One, 2015, 10(8): e0136237.

[44] Golubiewski N E. Urbanization increases grassland carbon pools: Effects of landscaping in Colorado's front range[J]. Ecological Applications, 2006, 16(2): 555-571.

[45] Ziska L H, Bunce J A, Goins E W. Characterization of an urban-rural CO_2/temperature gradient and associated changes in initial plant productivity during secondary succession[J]. Oecologia, 2004, 139(3): 454-458.

[46] Kaye J P, McCulley R, Burke I. Carbon fluxes, nitrogen cycling, and soil microbial communities in adjacent urban, native and agricultural ecosystems[J]. Global Change Biology, 2005, 11(4): 575-587.

[47] Gregg J W, Jones C G, Dawson T E. Urbanization effects on tree growth in the vicinity of New York City[J]. Nature, 2003, 424(6945): 183-187.

[48] Searle S Y, Turnbull M H, Boelman N T, et al. Urban environment of New York City promotes growth in northern red oak seedlings[J]. Tree Physiology, 2012, 32(4): 389-400.

[49] Enloe H A, Lockaby B G, Zipperer W C, et al. Urbanization effects on leaf litter decomposition, foliar nutrient dynamics and aboveground net primary productivity in the subtropics[J]. Urban Ecosystems, 2015, 18(4): 1285-1303.

[50] Liu Y, Wang Y, Peng J, et al. Correlations between urbanization and vegetation degradation across the world's metropolises using DMSP/OLS nighttime light data[J]. Remote Sensing, 2015, 7(2): 2067-2088.

[51] Zhu Z, Fu Y, Woodcock C E, et al. Including land cover change in analysis of greenness trends using all available Landsat 5, 7, and 8 images: A case study from Guangzhou, China (2000-2014)[J]. Remote Sensing of Environment, 2016, 185: 243-257.

[52] Liu H, Huang B, Gao S, et al. Impacts of the evolving urban development on intra-urban surface thermal environment: Evidence from 323 Chinese cities[J]. Science of the Total Environment, 2021, 771: 144810-144810.

[53] Buyantuyev A, Wu J. Urbanization alters spatiotemporal patterns of ecosystem primary production: A case study of the Phoenix metropolitan region, USA[J]. Journal of Arid Environments, 2009, 73(4): 512-520.

[54] Yu D, Shao H, Shi P, et al. How does the conversion of land cover to urban use affect net primary productivity? A case study in Shenzhen city, China[J]. Agricultural and Forest Meteorology, 2009, 149(11): 2054-2060.

[55] Milesi C, Elvidge C D, Nemani R R, et al. Assessing the impact of urban land development on net primary productivity in the southeastern United States[J]. Remote Sensing of Environment, 2003, 86(3): 401-410.

[56] Pei F, Li X, Liu X, et al. Assessing the differences in net primary productivity between pre-and post-urban land development in China[J]. Agricultural and Forest Meteorology, 2013, 171-172(3): 174-186.

[57] White M A, Nemani R R, Thornton P E, et al. Satellite evidence of phenological differences between urbanized and rural areas of the eastern United States deciduous broadleaf forest[J]. Ecosystems, 2002, 5(3): 260-273.

[58] Zhao C, Liu B, Piao S, et al. Temperature increase reduces global yields of major crops in four independent estimates[J]. Proceedings of the National Academy Sciences of the United States of America, 2017, 114(35): 9326-9331.

[59] Jia Y, Yu G, He N, et al. Spatial and decadal variations in inorganic nitrogen wet deposition in China induced by human activity[J]. Scientific Reports, 2014, 4: 3763.

[60] Peng J, Shen H, Wu W, et al. Net primary productivity (NPP) dynamics and associated urbanization driving forces in metropolitan areas: a case study in Beijing City, China[J]. Landscape Ecology, 2016, 31(5): 1077-1092.

[61] Zhong Q, Ma J, Zhao B, et al. Assessing spatial-temporal dynamics of urban expansion,

vegetation greenness and photosynthesis in megacity Shanghai, China during 2000-2016[J]. Remote Sensing of Environment, 2019, 233: 111374.

[62] Rosenzweig C, Elliott J, Deryng D, et al. Assessing agricultural risks of climate change in the 21st century in a global gridded crop model intercomparison[J]. Proceedings of the National Academy of Sciences of the United States of America, 2014, 111(9): 3268-3273.

[63] Wheeler T, von Braun J. Climate change impacts on global food security[J]. Science, 2013, 341(6145): 508-513.

[64] IPCC. Climate Change 2013: The Physical Science Basis: Working Group I Contribution to the Fifth Assessment Report of the Intergovernmental Panel on Climate Change[M]. Cambridge: Cambridge University Press, 2014.

[65] 刘玉洁, 葛全胜, 戴君虎. 全球变化下作物物候研究进展[J]. 地理学报, 2020, 75(1): 14-24.

[66] Eyshi Rezaei E, Siebert S, Ewert F. Climate and management interaction cause diverse crop phenology trends[J]. Agricultural and Forest Meteorology, 2017, 233: 55-70.

[67] Mirschel W, Wenkel K-O, Schultz A, et al. Dynamic phenological model for winter rye and winter barley[J]. European Journal of Agronomy, 2005, 23(2): 123-135.

[68] 刘凤山, 陈莹, 史文娇, 等. 农业物候动态对地表生物物理过程及气候的反馈研究进展[J]. 地理学报, 2017, 72(7): 1139-1150.

[69] Sacks W J, Kucharik C J. Crop management and phenology trends in the US Corn Belt: Impacts on yields, evapotranspiration and energy balance[J]. Agricultural and Forest Meteorology, 2011, 151(7): 882-894.

[70] Olesen J E, Børgesen C D, Elsgaard L, et al. Changes in time of sowing, flowering and maturity of cereals in Europe under climate change[J]. Food Additives & Contaminants: Part A, 2012, 29(10): 1527-1542.

[71] Tao F, Zhang S, Zhang Z, et al. Maize growing duration was prolonged across China in the past three decades under the combined effects of temperature, agronomic management, and cultivar shift[J]. Global Change Biology, 2014, 20(12): 3686-3699.

[72] Oteros J, García-Mozo H, Botey R, et al. Variations in cereal crop phenology in Spain over the last twenty-six years (1986-2012)[J]. Climatic Change, 2015, 130(4): 545-558.

[73] Chmielewski F M, Müller A, Bruns E. Climate changes and trends in phenology of fruit trees and field crops in Germany, 1961-2000[J]. Agricultural and Forest Meteorology, 2004, 121(1-2): 69-78.

[74] Xiao D, Tao F, Liu Y, et al. Observed changes in winter wheat phenology in the North China Plain for 1981-2009[J]. International Journal of Biometeorology, 2013, 57(2): 275-285.

[75] Wang Z, Chen J, Li Y, et al. Effects of climate change and cultivar on summer maize phenology[J]. International Journal of Plant Production, 2016, 10(4): 509-525.

[76] Zhou G S. Research prospect on impact of climate change on agricultural production in China[J]. Meteorological and Environmental Sciences, 2015, 38(1): 80-93.

[77]　de Beurs K M, Henebry G M. Land surface phenology, climatic variation, and institutional change: Analyzing agricultural land cover change in Kazakhstan[J]. Remote Sensing of Environment, 2004, 89(4): 497-509.

[78]　郭建平. 气候变化对中国农业生产的影响研究进展[J]. 应用气象学报, 2015, 26(1): 1-11.

[79]　Ray D K, Gerber J S, MacDonald G K, et al. Climate variation explains a third of global crop yield variability[J]. Nature Communications, 2015, 6(1): 5989.

[80]　Wheeler T R, Craufurd P Q, Ellis R H, et al. Temperature variability and the yield of annual crops[J]. Agriculture, Ecosystems & Environment, 2000, 82(1-3): 159-167.

[81]　Harrison P A, Butterfield R. Effects of climate change on Europe-wide winter wheat and sunflower productivity[J]. Climate Research, 1996, 7(3): 225-241.

[82]　Nonhebel S. Effects of temperature rise and increase in CO_2 concentration on simulated wheat yields in Europe[J]. Climatic Change, 1996, 34(1): 73-90.

[83]　Ferrara R, Trevisiol P, Acutis M, et al. Topographic impacts on wheat yields under climate change: Two contrasted case studies in Europe[J]. Theoretical and Applied Climatology, 2010, 99(1-2): 53-65.

[84]　Laurila H. Simulation of spring wheat responses to elevated CO_2 and temperature by using CERES-wheat crop model[J]. Agricultural & Food Science in Finland, 2001, 10:175-196.

[85]　Torriani D S, Calanca P, Schmid S, et al. Potential effects of changes in mean climate and climate variability on the yield of winter and spring crops in Switzerland[J]. Climate Research, 2007, 34(1): 59-69.

[86]　Trnka M, Dubrovský M, Semerádová D, et al. Projections of uncertainties in climate change scenarios into expected winter wheat yields[J]. Theoretical and Applied Climatology, 2004, 77(3-4): 229-249.

[87]　Kaur H, Jalota S, Kanwar R, et al. Climate change impacts on yield, evapotranspiration and nitrogen uptake in irrigated maize (*Zea mays*)-wheat (*Triticum aestivum*) cropping system: A simulation analysis[J]. Indian Journal of Agricultural Sciences, 2012, 82(3): 213-219.

[88]　Sultana H, Ali N, Iqbal M M, et al. Vulnerability and adaptability of wheat production in different climatic zones of Pakistan under climate change scenarios[J]. Climatic Change, 2009, 94(1-2): 123-142.

[89]　Magrin G O, Travasso M I, Rodriguez G R, et al. Climate change and wheat production in Argentina[J]. International Journal of Global Warming, 2009, 1(1-3): 214-226.

[90]　Erda L, Wei X, Hui J, et al. Climate change impacts on crop yield and quality with CO_2 fertilization in China[J]. Philosophical Transactions of the Royal Society B: Biological Sciences, 2005, 360(1463): 2149-2154.

[91]　Mo X, Liu S, Lin Z, et al. Regional crop yield, water consumption and water use efficiency and their responses to climate change in the North China Plain[J]. Agriculture, Ecosystems & Environment, 2009, 134(1-2): 67-78.

[92]　Guo R, Lin Z, Mo X, et al. Responses of crop yield and water use efficiency to climate change

in the North China Plain[J]. Agricultural Water Management, 2010, 97(8): 1185-1194.

[93] Xiao G, Zhang Q, Yao Y, et al. Impact of recent climatic change on the yield of winter wheat at low and high altitudes in semi-arid northwestern China[J]. Agriculture, Ecosystems & Environment, 2008, 127(1-2): 37-42.

[94] 熊伟, 杨婕, 吴文斌, 等. 中国水稻生产对历史气候变化的敏感性和脆弱性[J]. 生态学报, 2013, 33(2): 509-518.

[95] 王培娟, 张佳华, 谢东辉, 等. A2 和 B2 情景下冀鲁豫冬小麦气象产量估算[J]. 应用气象学报, 2011, 22(5): 549-557.

[96] Deryng D, Sacks W, Barford C, et al. Simulating the effects of climate and agricultural management practices on global crop yield[J]. Global Biogeochemical Cycles, 2011, 25(2): GB2006.

[97] Olesen J E, Trnka M, Kersebaum K-C, et al. Impacts and adaptation of European crop production systems to climate change[J]. European Journal of Agronomy, 2011, 34(2): 96-112.

[98] Kristensen K, Schelde K, Olesen J E. Winter wheat yield response to climate variability in Denmark[J]. The Journal of Agricultural Science, 2011, 149(1): 33-47.

[99] Tubiello F N, Donatelli M, Rosenzweig C, et al. Effects of climate change and elevated CO_2 on cropping systems: model predictions at two Italian locations[J]. European Journal of Agronomy, 2000, 13(2-3): 179-189.

[100] Anwar M R, O'leary G, McNeil D, et al. Climate change impact on rainfed wheat in south-eastern Australia[J]. Field Crops Research, 2007, 104(1-3): 139-147.

[101] Ko J, Ahuja L R, Saseendran S, et al. Climate change impacts on dryland cropping systems in the Central Great Plains, USA[J]. Climatic Change, 2012, 111(2): 445-472.

[102] Kim H Y, Ko J, Kang S, et al. Impacts of climate change on paddy rice yield in a temperate climate[J]. Global Change Biology, 2013, 19(2): 548-562.

[103] 成林, 刘荣花, 王信理. 气候变化对河南省灌溉小麦的影响及对策初探[J]. 应用气象学报, 2012, 23(5): 571-577.

[104] 袁东敏, 尹志聪, 郭建平. SRES B2 气候情景下东北玉米产量变化数值模拟[J]. 应用气象学报, 2014, 25(3): 284-292.

[105] 熊伟, 杨婕, 林而达, 等. 未来不同气候变化情景下我国玉米产量的初步预测[J]. 地球科学进展, 2008, 23(10): 1092-1101.

[106] Challinor A J, Watson J, Lobell D B, et al. A meta-analysis of crop yield under climate change and adaptation[J]. Nature Climate Change, 2014, 4(4): 287-291.

[107] Wilcox J, Makowski D. A meta-analysis of the predicted effects of climate change on wheat yields using simulation studies[J]. Field Crops Research, 2014, 156: 180-190.

[108] Amthor J S. Effects of atmospheric CO_2 concentration on wheat yield: review of results from experiments using various approaches to control CO_2 concentration[J]. Field Crops Research, 2001, 73(1): 1-34.

[109] Stöckle C O, Nelson R L, Higgins S, et al. Assessment of climate change impact on Eastern

Washington agriculture[J]. Climatic Change, 2010, 102(1-2): 77-102.

[110] Li Z, Liu W Z, Zhang X C, et al. Assessing the site-specific impacts of climate change on hydrology, soil erosion and crop yields in the Loess Plateau of China[J]. Climatic Change, 2011, 105(1-2): 223-242.

[111] Özdoğan M. Modeling the impacts of climate change on wheat yields in Northwestern Turkey[J]. Agriculture, Ecosystems and Environment, 2011, 141(1-2): 1-12.

[112] Stone P. The effects of heat stress on cereal yield and quality[M]. Crop Responses and Adaptations to Temperature Stress. Binghamton: Food Products Press, 2001, 20: 243-291.

[113] Welch J R, Vincent J R, Auffhammer M, et al. Rice yields in tropical/subtropical Asia exhibit large but opposing sensitivities to minimum and maximum temperatures[J]. Proceedings of the National Academy of Sciences of the United States of America, 2010, 107(33): 14562-14567.

[114] Urban D, Roberts M J, Schlenker W, et al. Projected temperature changes indicate significant increase in interannual variability of US maize yields[J]. Climatic Change, 2012, 112(2): 525-533.

[115] Crafts-Brandner S J, Salvucci M E. Sensitivity of photosynthesis in a C4 plant, maize, to heat stress[J]. Plant Physiology, 2002, 129(4): 1773-1780.

[116] 尤东. 湖南会同杉木林生态系统碳水耦合作用研究[D]. 长沙: 中南林业科技大学, 2019.

[117] Willett K M, Gillett N P, Jones P D, et al. Attribution of observed surface humidity changes to human influence[J]. Nature, 2007, 449(7163): 710-712.

[118] Ray J D, Gesch R W, Sinclair T R, et al. The effect of vapor pressure deficit on maize transpiration response to a drying soil[J]. Plant and Soil, 2002, 239(1): 113-121.

[119] Deryng D, Conway D, Ramankutty N, et al. Global crop yield response to extreme heat stress under multiple climate change futures[J]. Environmental Research Letters, 2014, 9(3): 034011.

[120] Trnka M, Olesen J E, Kersebaum K C, et al. Agroclimatic conditions in Europe under climate change[J]. Global Change Biology, 2011, 17(7): 2298-2318.

[121] Teixeira E I, Fischer G, van Velthuizen H, et al. Global hot-spots of heat stress on agricultural crops due to climate change[J]. Agricultural and Forest Meteorology, 2013, 170: 206-215.

[122] Ziska L H, Blumenthal D M, Runion G B, et al. Invasive species and climate change: an agronomic perspective[J]. Climatic Change, 2011, 105(1-2): 13-42.

[123] Dai A, Zhao T, Chen J. Climate change and drought: A precipitation and evaporation perspective[J]. Current Climate Change Reports, 2018, 4(3): 301-312.

[124] Madsen H, Lawrence D, Lang M, et al. Review of trend analysis and climate change projections of extreme precipitation and floods in Europe[J]. Journal of Hydrology, 2014, 519: 3634-3650.

[125] Hatfield J L, Boote K J, Kimball B, et al. Climate impacts on agriculture: implications for crop production[J]. Agronomy Journal, 2011, 103(2): 351-370.

[126] Donat M G, Lowry A L, Alexander L V, et al. More extreme precipitation in the world's dry and wet regions[J]. Nature Climate Change, 2016, 6(5): 508-513.

[127] Leakey A D. Rising atmospheric carbon dioxide concentration and the future of C4 crops for food and fuel[J]. Proceedings of the Royal Society B: Biological Sciences, 2009, 276(1666): 2333-2343.

[128] Tausz-Posch S, Borowiak K, Dempsey R W, et al. The effect of elevated CO_2 on photochemistry and antioxidative defence capacity in wheat depends on environmental growing conditions—A FACE study[J]. Environmental and Experimental Botany, 2013, 88: 81-92.

[129] Mishra A, Agrawal S. Cultivar specific response of CO_2 fertilization on two tropical mung bean (*Vigna radiata* L.) cultivars: ROS generation, antioxidant status, physiology, growth, yield and seed quality[J]. Journal of Agronomy and Crop Science, 2014, 200(4): 273-289.

[130] Parry M, Lea P. Food security and drought[J]. Annals of Applied Biology, 2009, 155(3): 299-300.

[131] Ainsworth E A, Long S P. What have we learned from 15 years of free-air CO_2 enrichment (FACE)? A meta-analytic review of the responses of photosynthesis, canopy properties and plant production to rising CO_2[J]. New Phytologist, 2005, 165(2): 351-372.

[132] Long S P, Ainsworth E A, Leakey A D, et al. Food for thought: lower-than-expected crop yield stimulation with rising CO_2 concentrations[J]. Science, 2006, 312(5782): 1918-1921.

[133] Ainsworth E A, Mcgrath J M. Direct effects of rising atmospheric carbon dioxide and ozone on crop yields[M]. Climate Change and Food Security: Springer, 2010: 109-130.

[134] Wall G, Brooks T, Adam N, et al. Elevated atmospheric CO_2 improved sorghum plant water status by ameliorating the adverse effects of drought[J]. New Phytologist, 2001, 152(2): 231-248.

[135] Schlenker W, Lobell D B. Robust negative impacts of climate change on African agriculture[J]. Environmental Research Letters, 2010, 5(1): 014010.

[136] Chow V T. Applied Hydrology[M]. New York: Tata McGraw-Hill Education, 2010.

[137] Prince S D, Goward S N. Global primary production: a remote sensing approach[J]. Journal of Biogeography, 1995, 22(4-5): 815-835.

[138] Stocker T F, Qin D, Plattner G-K, et al. Climate change 2013: The physical science basis[R]. Contribution of Working Group I to the Fifth Assessment Report of the Intergovernmental Panel on Climate Change, 2013: 1535.

[139] Wouters H, De Ridder K, Poelmans L, et al. Heat stress increase under climate change twice as large in cities as in rural areas: A study for a densely populated midlatitude maritime region[J]. Geophysical Research Letters, 2017, 44(17): 8997-9007.

[140] Wang A, Zeng X. Development of global hourly 0.5° land surface air temperature datasets[J]. Journal of Climate, 2013, 26(19): 7676-7691.

[141] Zhu W, Lü A, Jia S. Estimation of daily maximum and minimum air temperature using

MODIS land surface temperature products[J]. Remote Sensing of Environment, 2013, 130: 62-73.

[142] Ge Q, Zhang X, Zheng J. Simulated effects of vegetation increase/decrease on temperature changes from 1982 to 2000 across the Eastern China[J]. International Journal of Climatology, 2014, 34(1): 187-196.

[143] 荆文龙, 冯敏, 杨雅萍. 一种 NCEP/NCAR 再分析气温数据的统计降尺度方法[J]. 地球信息科学学报, 2013, 15(6): 819-828.

[144] McCarthy M P, Best M J, Betts R A. Climate change in cities due to global warming and urban effects[J]. Geophysical Research Letters, 2010, 37(9): L09705.

[145] Oleson K. Contrasts between urban and rural climate in CCSM4 CMIP5 climate change scenarios[J]. Journal of Climate, 2012, 25(5): 1390-1412.

[146] Shi L, Kloog I, Zanobetti A, et al. Impacts of temperature and its variability on mortality in New England[J]. Nature Climate Change, 2015, 5(11): 988-991.

[147] Nalder I A, Wein R W. Spatial interpolation of climatic normals: test of a new method in the Canadian boreal forest[J]. Agricultural and Forest Meteorology, 1998, 92(4): 211-225.

[148] Kurtzman D, Kadmon R. Mapping of temperature variables in Israel: a comparison of different interpolation methods[J]. Climate Research, 1999, 13(1): 33-43.

[149] Shen S S, Dzikowski P, Li G, et al. Interpolation of 1961-97 daily temperature and precipitation data onto Alberta polygons of ecodistrict and soil landscapes of Canada[J]. Journal of Applied Meteorology, 2001, 40(12): 2162-2177.

[150] Benali A, Carvalho A, Nunes J, et al. Estimating air surface temperature in Portugal using MODIS LST data[J]. Remote Sensing of Environment, 2012, 124: 108-121.

[151] Williamson S N, Hik D S, Gamon J A, et al. Estimating temperature fields from MODIS land surface temperature and air temperature observations in a sub-arctic alpine environment[J]. Remote Sensing, 2014, 6(2): 946-963.

[152] Vogt J V, Viau A A, Paquet F. Mapping regional air temperature fields using satellite-derived surface skin temperatures[J]. International Journal of Climatology: A Journal of the Royal Meteorological Society, 1997, 17(14): 1559-1579.

[153] Gallo K, Hale R, Tarpley D, et al. Evaluation of the relationship between air and land surface temperature under clear-and cloudy-sky conditions[J]. Journal of Applied Meteorology and Climatology, 2011, 50(3): 767-775.

[154] Shen S, Leptoukh G G. Estimation of surface air temperature over central and eastern Eurasia from MODIS land surface temperature[J]. Environmental Research Letters, 2011, 6(4): 045206.

[155] Chen F, Liu Y, Liu Q, et al. A statistical method based on remote sensing for the estimation of air temperature in China[J]. International Journal of Climatology, 2015, 35(8): 2131-2143.

[156] Xu Y, Liu Y. Monitoring the near-surface urban heat island in Beijing, China by satellite remote sensing[J]. Geographical Research, 2015, 53(1): 16-25.

[157] Hofstra N, Haylock M, New M, et al. Comparison of six methods for the interpolation of daily, European climate data[J]. Journal of Geophysical Research: Atmospheres, 2008, 113: D21110.

[158] Stahl K, Moore R, Floyer J, et al. Comparison of approaches for spatial interpolation of daily air temperature in a large region with complex topography and highly variable station density[J]. Agricultural and Forest Meteorology, 2006, 139(3-4): 224-236.

[159] Kilibarda M, Hengl T, Heuvelink G B, et al. Spatio-temporal interpolation of daily temperatures for global land areas at 1km resolution[J]. Journal of Geophysical Research: Atmospheres, 2014, 119(5): 2294-2313.

[160] Willmott C J, Robeson S M. Climatologically aided interpolation (CAI) of terrestrial air temperature[J]. International Journal of Climatology, 1995, 15(2): 221-229.

[161] Menne M J, Durre I, Korzeniewski B, et al. Global historical climatology network-daily (GHCN-Daily), Version 3[J]. NOAA National Climatic Data Center, 2012, 10: V5D21VHZ.

[162] Yang J, Wang Y, August P. Estimation of land surface temperature using spatial interpolation and satellite-derived surface emissivity[J]. Journal of Environmental Informatics, 2015, 4(1): 40-47.

[163] Li L, Zha Y. Mapping relative humidity, average and extreme temperature in hot summer over China[J]. Science of the Total Environment, 2018, 615: 875-881.

[164] Zakšek K, Schroedter-Homscheidt M. Parameterization of air temperature in high temporal and spatial resolution from a combination of the SEVIRI and MODIS instruments[J]. ISPRS Journal of Photogrammetry and Remote Sensing, 2009, 64(4): 414-421.

[165] Basist A, Grody N C, Peterson T C, et al. Using the special sensor microwave/imager to monitor land surface temperatures, wetness, and snow cover[J]. Journal of Applied Meteorology, 1998, 37(9): 888-911.

[166] 王猛猛. 地表温度与近地表气温热红外遥感反演方法研究[D]. 北京: 中国科学院大学（中国科学院遥感与数字地球研究所）, 2017.

[167] Czajkowski K P, Goward S N, Stadler S J, et al. Thermal remote sensing of near surface environmental variables: Application over the Oklahoma Mesonet[J]. The Professional Geographer, 2000, 52(2): 345-357.

[168] Prihodko L, Goward S N. Estimation of air temperature from remotely sensed surface observations[J]. Remote Sensing of Environment, 1997, 60(3): 335-346.

[169] Stisen S, Sandholt I, Nørgaard A, et al. Estimation of diurnal air temperature using MSG SEVIRI data in West Africa[J]. Remote Sensing of Environment, 2007, 110(2): 262-274.

[170] Nieto H, Sandholt I, Aguado I, et al. Air temperature estimation with MSG-SEVIRI data: Calibration and validation of the TVX algorithm for the Iberian Peninsula[J]. Remote Sensing of Environment, 2011, 115(1): 107-116.

[171] Sun Y J, Wang J F, Zhang R H, et al. Air temperature retrieval from remote sensing data based on thermodynamics[J]. Theoretical and Applied Climatology, 2005, 80(1): 37-48.

[172] Sandholt I, Rasmussen K, Andersen J. A simple interpretation of the surface temperature/vegetation index space for assessment of surface moisture status[J]. Remote Sensing of Environment, 2002, 79(2-3): 213-224.

[173] Vancutsem C, Ceccato P, Dinku T, et al. Evaluation of MODIS land surface temperature data to estimate air temperature in different ecosystems over Africa[J]. Remote Sensing of Environment, 2010, 114(2): 449-465.

[174] 汪舟, 方欧娅. 山东蒙山森林冠层绿度与树干径向生长的关系[J]. 生态学报, 2017, 37(22):7514-7527.

[175] Wan Z. New refinements and validation of the MODIS land-surface temperature/emissivity products[J]. Remote Sensing of Environment, 2008, 112(1): 59-74.

[176] Huang C, Li Y, Liu G, et al. Recent climate variability and its impact on precipitation, temperature, and vegetation dynamics in the Lancang River headwater area of China[J]. International Journal of Remote Sensing, 2014, 35(8): 2822-2834.

[177] Noi P T, Kappas M, Degener J. Estimating daily maximum and minimum land air surface temperature using MODIS land surface temperature data and ground truth data in Northern Vietnam[J]. Remote Sensing, 2016, 8(12): 1002.

[178] Ho H C, Knudby A, Sirovyak P, et al. Mapping maximum urban air temperature on hot summer days[J]. Remote Sensing of Environment, 2014, 154: 38-45.

[179] Gupta P, Christopher S A. Particulate matter air quality assessment using integrated surface, satellite, and meteorological products: Multiple regression approach[J]. Journal of Geophysical Research: Atmospheres, 2009, 114: D14205.

[180] Zhao W, Wu H, Yin G, et al. Normalization of the temporal effect on the MODIS land surface temperature product using random forest regression[J]. ISPRS Journal of Photogrammetry and Remote Sensing, 2019, 152: 109-118.

[181] Nashwan M S, Shahid S. Symmetrical uncertainty and random forest for the evaluation of gridded precipitation and temperature data[J]. Atmospheric Research, 2019, 230: 104632.

[182] Liu C, Shu T, Chen S, et al. An improved grey neural network model for predicting transportation disruptions[J]. Expert Systems with Applications, 2016, 45: 331-340.

[183] Akbari Asanjan A, Yang T, Hsu K, et al. Short-term precipitation forecast based on the PERSIANN system and LSTM recurrent neural networks[J]. Journal of Geophysical Research: Atmospheres, 2018, 123(22): 12543-12563.

[184] Moon H, Guillod B P, Gudmundsson L, et al. Soil moisture effects on afternoon precipitation occurrence in current climate models[J]. Geophysical Research Letters, 2019, 46(3): 1861-1869.

[185] 梁怀志, 马洪连, 王盼盼. 基于投票法的车型分类技术[J]. 软件, 2010, 31(12): 19-22.

[186] Vapnik V. The Nature of Statistical Learning Theory[M]. Berlin: Springer Science & Business Media, 2013.

[187] Wainer J, Cawley G. Empirical evaluation of resampling procedures for optimising SVM

hyperparameters[J]. The Journal of Machine Learning Research, 2017, 18(1): 475-509.

[188] 周爱娟. 基于计费系统的校园用户行为分析与建模[D]. 北京: 北京交通大学, 2019.

[189] Li T, Shen H, Yuan Q, et al. Estimating ground-level PM$_{2.5}$ by fusing satellite and station observations: A geo-intelligent deep learning approach[J]. Geophysical Research Letters, 2017, 44(23): 11985-11993.

[190] 付文轩, 沈焕锋, 李星华, 等. 时空自适应加权的 MODIS 积雪产品去云方法[J]. 遥感信息, 2016, 31(2): 36-43.

[191] Li X, Fu W, Shen H, et al. Monitoring snow cover variability (2000-2014) in the Hengduan Mountains based on cloud-removed MODIS products with an adaptive spatio-temporal weighted method[J]. Journal of Hydrology, 2017, 551: 314-327.

[192] Abdi H, Williams L J. Newman-Keuls test and Tukey test[M]. Encyclopedia of Research Design. Thousand Oaks, CA: Sage, 2010: 1-11.

[193] Memon R A, Leung D Y. Impacts of environmental factors on urban heating[J]. Journal of Environmental Sciences, 2010, 22(12): 1903-1909.

[194] Chen J, Jin C, Liao A, et al. Global land cover mapping at 30 m resolution: A POK-based operational approach[J]. ISPRS Journal of Photogrammetry and Remote Sensing, 2015, 103: 7-27.

[195] Evrendilek F, Karakaya N, Gungor K, et al. Satellite-based and mesoscale regression modeling of monthly air and soil temperatures over complex terrain in Turkey[J]. Expert Systems with Applications, 2012, 39(2): 2059-2066.

[196] Jang J-D, Viau A, Anctil F. Neural network estimation of air temperatures from AVHRR data[J]. International Journal of Remote Sensing, 2004, 25(21): 4541-4554.

[197] Guo C, Tang Y, Lu J, et al. Predicting wheat productivity: Integrating time series of vegetation indices into crop modeling via sequential assimilation[J]. Agricultural and Forest Meteorology, 2019, 272: 69-80.

[198] Skakun S, Franch B, Vermote E, et al. Early season large-area winter crop mapping using MODIS NDVI data, growing degree days information and a Gaussian mixture model[J]. Remote Sensing of Environment, 2017, 195: 244-258.

[199] Johnson M D, Hsieh W W, Cannon A J, et al. Crop yield forecasting on the Canadian Prairies by remotely sensed vegetation indices and machine learning methods[J]. Agricultural and Forest Meteorology, 2016, 218: 74-84.

[200] Bokusheva R, Kogan F, Vitkovskaya I, et al. Satellite-based vegetation health indices as a criteria for insuring against drought-related yield losses[J]. Agricultural and Forest Meteorology, 2016, 220: 200-206.

[201] Pei F, Wu C, Liu X, et al. Monitoring the vegetation activity in China using vegetation health indices[J]. Agricultural and Forest Meteorology, 2018, 248: 215-227.

[202] Kogan F. Vegetation health-based modeling crop yield and food security prediction[M]. Remote Sensing for Food Security. Springer, 2019: 115-162.

[203]　Liu L, Xu X, Chen X. Assessing the impact of urban expansion on potential crop yield in China during 1990-2010[J]. Food Security, 2015, 7(1): 33-43.

[204]　Liu J Y, Zhang Z X, Xu X L, et al. Spatial patterns and driving forces of land use change in China during the early 21st century[J]. Journal of Geographical Sciences, 2010, 20(4): 483-494.

[205]　Kuang W, Liu J Y, Dong J W, et al. The rapid and massive urban and industrial land expansions in China between 1990 and 2010: A CLUD-based analysis of their trajectories, patterns, and drivers[J]. Landscape and Urban Planning, 2016, 145: 21-33.

[206]　Liu J, Kuang W, Zhang Z, et al. Spatiotemporal characteristics, patterns, and causes of land-use changes in China since the late 1980s[J]. Journal of Geographical Sciences, 2014, 24(2): 195-210.

[207]　Liu Z, He C, Zhang Q, et al. Extracting the dynamics of urban expansion in China using DMSP-OLS nighttime light data from 1992 to 2008[J]. Landscape and Urban Planning, 2012, 106(1): 62-72.

[208]　Brovelli M A, Molinari M E, Hussein E, et al. The first comprehensive accuracy assessment of GlobeLand30 at a national level: Methodology and results[J]. Remote Sensing, 2015, 7(4): 4191-4212.

[209]　Arsanjani J J, Tayyebi A, Vaz E. GlobeLand30 as an alternative fine-scale global land cover map: Challenges, possibilities, and implications for developing countries[J]. Habitat International, 2016, 55: 25-31.

[210]　Lu M, Wu W, Zhang L, et al. A comparative analysis of five global cropland datasets in China[J]. Science China Earth Sciences, 2016, 59(12): 2307-2317.

[211]　陈军, 廖安平, 陈晋, 等. 全球 30m 地表覆盖遥感数据产品-Globe Land30[J]. 地理信息世界, 2017, 24(1): 1-8.

[212]　史晓明, 周志诚, 王海涛, 等. 柬埔寨区域地表覆盖监测与分析[J]. 地理空间信息, 2017, 15(4): 82-84, 11.

[213]　Liang S, Zhang X, Xiao Z, et al. Global land surface satellite (GLASS) products: Algorithms, validation and analysis[M]. Springer, 2013.

[214]　Zhang X, Liang S, Song Z, et al. Local adaptive calibration of the satellite-derived surface incident shortwave radiation product using smoothing spline[J]. IEEE Transactions on Geoscience and Remote Sensing, 2016, 54(2): 1156-1169.

[215]　Dee D P, Uppala S M, Simmons A J, et al. The ERA-Interim reanalysis: Configuration and performance of the data assimilation system[J]. Quarterly Journal of the Royal Meteorological Society, 2011, 137(656): 553-597.

[216]　Zeng J, Li Z, Chen Q, et al. Evaluation of remotely sensed and reanalysis soil moisture products over the Tibetan Plateau using in-situ observations[J]. Remote Sensing of Environment, 2015, 163: 91-110.

[217]　Peng S, Piao S, Ciais P, et al. Surface urban heat island across 419 global big cities[J].

Environmental Science & Technology, 2012, 46(2): 696-703.

[218] Zhou D C, Zhao S Q, Liu S G, et al. Surface urban heat island in China's 32 major cities: Spatial patterns and drivers[J]. Remote Sensing of Environment, 2014, 152(152): 51-61.

[219] Yu D, Shao H, Shi P, et al. How does the conversion of land cover to urban use affect net primary productivity? A case study in Shenzhen city, China[J]. Agricultural and Forest Meteorology, 2009, 149(11): 2054-2060.

[220] 王劲峰, 徐成东. 地理探测器: 原理与展望[J]. 地理学报, 2017, 72(1): 116-134.

[221] Wang J F, Li X H, Christakos G, et al. Geographical detectors‐based health risk assessment and its application in the neural tube defects study of the Heshun Region, China[J]. International Journal of Geographical Information Science, 2010, 24(1): 107-127.

[222] Luo W, Jasiewicz J, Stepinski T, et al. Spatial association between dissection density and environmental factors over the entire conterminous United States[J]. Geophysical Research Letters, 2016, 43(2): 692-700.

[223] Zhao R, Zhan L, Yao M, et al. A geographically weighted regression model augmented by Geodetector analysis and principal component analysis for the spatial distribution of PM2.5[J]. Sustainable Cities and Society, 2020, 56: 102-106.

[224] Yuan W, Liu S, Zhou G, et al. Deriving a light use efficiency model from eddy covariance flux data for predicting daily gross primary production across biomes[J]. Agricultural & Forest Meteorology, 2007, 143(3-4): 189-207.

[225] Huete A, Didan K, Miura T, et al. Overview of the radiometric and biophysical performance of the MODIS vegetation indices[J]. Remote sensing of environment, 2002, 83(1-2): 195-213.

[226] Baldocchi D. Measuring fluxes of trace gases and energy between ecosystems and the atmosphere–the state and future of the eddy covariance method[J]. Global change biology, 2014, 20(12): 3600-3609.

[227] Yue W, Xu J, Tan W, et al. The relationship between land surface temperature and NDVI with remote sensing: application to Shanghai Landsat 7 ETM+ data[J]. International Journal of Remote Sensing, 2007, 28(15): 3205-3226.

[228] Grover A, Singh R B. Analysis of urban heat island (UHI) in relation to normalized difference vegetation index (NDVI): A comparative study of Delhi and Mumbai[J]. Environments, 2015, 2(2): 125-138.

[229] Hou M, Hu W, Qiao H, et al. Application of partial least squares (PLS) regression method in attribution of vegetation change in eastern China[J]. Journal of Natural Resources, 2015, 30(3): 409-422.

[230] 孔冬冬, 张强, 黄文琳, 等. 1982—2013 年青藏高原植被物候变化及气象因素影响[J]. 地理学报, 2017, 72(1): 39-52.

[231] Yu H, Luedeling E, Xu J. Winter and spring warming result in delayed spring phenology on the Tibetan Plateau[J]. Proceedings of the National Academy of Sciences of the United States of America, 2010, 107(51): 22151-22156.

[232] Zhang Q, Kong D, Shi P, et al. Vegetation phenology on the Qinghai-Tibetan Plateau and its response to climate change (1982–2013)[J]. Agricultural and Forest Meteorology, 2018, 248: 408-417.

[233] Wold S, Sjöström M, Eriksson L. PLS-regression: a basic tool of chemometrics[J]. Chemometrics and Intelligent Laboratory Systems, 2001, 58(2): 109-130.

[234] Kadić A, Denić-Jukić V, Jukić D. Revealing hydrological relations of adjacent karst springs by partial correlation analysis[J]. Hydrology Research, 2018, 49(3): 616-633.

[235] Singh R P, Roy S, Kogan F. Vegetation and temperature condition indices from NOAA AVHRR data for drought monitoring over India[J]. International Journal of Remote Sensing, 2003, 24(22): 4393-4402.

[236] Chen C, Park T, Wang X, et al. China and India lead in greening of the world through land-use management[J]. Nature Sustainability, 2019, 2(2): 122-129.

[237] Peng J, Shen H, Wu W, et al. Net primary productivity (NPP) dynamics and associated urbanization driving forces in metropolitan areas: A case study in Beijing city, China[J]. Landscape Ecology, 2016, 31(5): 1077-1092.

[238] Li Y, Li X, Tan M, et al. The impact of cultivated land spatial shift on food crop production in China, 1990-2010[J]. Land Degradation & Development, 2018, 29(6): 1652-1659.

[239] Zhou D, Zhao S, Zhang L, et al. Remotely sensed assessment of urbanization effects on vegetation phenology in China's 32 major cities[J]. Remote Sensing of Environment, 2016, 176: 272-281.

[240] Ribeiro A F S, Russo A, Gouveia C M, et al. Modelling drought-related yield losses in Iberia using remote sensing and multi-scalar indices[J]. Theoretical and Applied Climatology, 2019, 136(1-2): 203-220.

[241] Skakun S, Kussul N, Shelestov A, et al. The use of satellite data for agriculture drought risk quantification in Ukraine. Geomatics, Natural Hazards and Risk, 2016, 7(3): 901-917.

[242] Guan X, Shen H, Li X, et al. A long-term and comprehensive assessment of the urbanization-induced impacts on vegetation net primary productivity[J]. Science of the Total Environment, 2019, 669: 342-352.

[243] Leng G, Zhang X, Huang M, et al. The role of climate covariability on crop yields in the conterminous United States[J]. Scientific Reports, 2016, 6: 33160.

[244] Schmidhuber J, Tubiello F N. Global food security under climate change[J]. Proceedings of the National Academy of Sciences of the United States of America, 2007, 104(50): 19703-19708.

[245] Rosenzweig C, Parry M L. Potential impact of climate change on world food supply[J]. Nature, 1994, 367(6459): 133-138.

[246] Lobell D B, Schlenker W, Costa-Roberts J. Climate trends and global crop production since 1980[J]. Science, 2011, 333(6042): 616-620.

[247] Lobell D B, Asner G P. Climate and management contributions to recent trends in U. S.

agricultural yields[J]. Science, 2003, 299(5609): 1032.

[248]   Schlenker W, Roberts M J. Nonlinear temperature effects indicate severe damages to US crop yields under climate change[J]. Proceedings of the National Academy of Sciences of the United States of America, 2009, 106(37): 15594-15598.

[249]   Lobell D B, Burke M B. Why are agricultural impacts of climate change so uncertain? The importance of temperature relative to precipitation[J]. Environmental Research Letters, 2008, 3(3): 034007.

[250]   Liu Q, Fu Y H, Zeng Z, et al. Temperature, precipitation, and insolation effects on autumn vegetation phenology in temperate China[J]. Global Change Biology, 2016, 22(2): 644-655.

[251]   Asseng S, Foster I, Turner N C. The impact of temperature variability on wheat yields[J]. Global Change Biology, 2011, 17(2): 997-1012.

[252]   Zhao C, Piao S, Huang Y, et al. Field warming experiments shed light on the wheat yield response to temperature in China[J]. Nature Communications, 2016, 7: 13530.

[253]   Huang X, Ni S, Yu C, et al. Identifying precipitation uncertainty in crop modelling using Bayesian total error analysis[J]. European Journal of Agronomy, 2018, 101: 248-258.

[254]   Du J, Wang K, Jiang S, et al. Urban dry island effect mitigated urbanization effect on observed warming in China[J]. Journal of Climate, 2019, 32(18): 5705-5723.

[255]   Peng J, Xie P, Liu Y, et al. Urban thermal environment dynamics and associated landscape pattern factors: A case study in the Beijing metropolitan region[J]. Remote Sensing of Environment, 2016, 173: 145-155.

[256]   Danielaini T T, Maheshwari B, Hagare D. Defining rural–urban interfaces for understanding ecohydrological processes in West Java, Indonesia: Part II. Its application to quantify rural–urban interface ecohydrology[J]. Ecohydrology & Hydrobiology, 2018, 18(1): 37-51.

[257]   Chen A, Yao L, Sun R, et al. How many metrics are required to identify the effects of the landscape pattern on land surface temperature?[J]. Ecological Indicators, 2014, 45: 424-433.

[258]   Hao L, Huang X, Qin M, et al. Ecohydrological processes explain urban dry island effects in a wet region, southern China[J]. Water Resources Research, 2018, 54(9): 6757-6771.

[259]   Novick K A, Ficklin D L, Stoy P C, et al. The increasing importance of atmospheric demand for ecosystem water and carbon fluxes[J]. Nature Climate Change, 2016, 6(11): 1023-1027.

[260]   Greve P, Orlowsky B, Mueller B, et al. Global assessment of trends in wetting and drying over land[J]. Nature Geoscience, 2014, 7(10): 716-721.

[261]   Mao K, Chen J, Li Z, et al. Global water vapor content decreases from 2003 to 2012: An analysis based on MODIS data[J]. Chinese Geographical Science, 2017, 27(1): 1-7.

[262]   McDowell N G, Allen C D. Darcy's law predicts widespread forest mortality under climate warming[J]. Nature Climate Change, 2015, 5(7): 669-672.

[263]   Zhou D, Li D, Sun G, et al. Contrasting effects of urbanization and agriculture on surface temperature in eastern China[J]. Journal of Geophysical Research: Atmospheres, 2016, 121(16): 9597-9606.

[264] Zhou D, Zhang L, Hao L, et al. Spatiotemporal trends of urban heat island effect along the urban development intensity gradient in China[J]. Science of the Total Environment, 2016, 544: 617-626.

[265] Araya S, Ostendorf B, Lyle G, et al. CropPhenology: An R package for extracting crop phenology from time series remotely sensed vegetation index imagery[J]. Ecological Informatics, 2018, 46: 45-56.

[266] Hill M J, Donald G E. Estimating spatio-temporal patterns of agricultural productivity in fragmented landscapes using AVHRR NDVI time series[J]. Remote Sensing of Environment, 2003, 84(3): 367-384.

[267] Sakamoto T, Gitelson A A, Arkebauer T J. MODIS-based corn grain yield estimation model incorporating crop phenology information[J]. Remote Sensing of Environment, 2013, 131: 215-231.

[268] You X, Meng J, Zhang M, et al. Remote sensing based detection of crop phenology for agricultural zones in China using a new threshold method[J]. Remote Sensing, 2013, 5(7): 3190-3211.

[269] Araya S, Lyle G, Lewis M, et al. Phenologic metrics derived from MODIS NDVI as indicators for plant available water-holding capacity[J]. Ecological Indicators, 2016, 60: 1263-1272.

[270] Maynard J J, Levi M R. Hyper-temporal remote sensing for digital soil mapping: Characterizing soil-vegetation response to climatic variability[J]. Geoderma, 2017, 285: 94-109.

[271] Zhang T T, Qi J G, Gao Y, et al. Detecting soil salinity with MODIS time series VI data[J]. Ecological Indicators, 2015, 52: 480-489.

[272] Zadoks J C, Chang T T, Konzak C F. A decimal code for the growth stages of cereals[J]. Weed Research, 1974, 14(6): 415-421.

[273] Haun J. Visual quantification of wheat development[J]. Agronomy Journal, 1973, 65(1): 116-119.

[274] Large E C. Growth stages in cereals illustration of the Feekes scale[J]. Plant Pathology, 1954, 3(4): 128-129.

[275] Jönsson P, Eklundh L. TIMESAT—a program for analyzing time-series of satellite sensor data[J]. Computers & Geosciences, 2004, 30(8): 833-845.

[276] Rodrigues A, Marcal A R, Cunha M. PhenoSat - A tool for vegetation temporal analysis from satellite image data[C]. Proceedings of 2011 6th International Workshop on the Analysis of Multi-temporal Remote Sensing Images (Multi-Temp), 2011: 45-48.

[277] Rodrigues A, Marcal A R, Cunha M. Phenology parameter extraction from time-series of satellite vegetation index data using PhenoSat[C]. Proceedings of 2012 IEEE International Geoscience and Remote Sensing Symposium, 2012: 4926-4929.

[278] Lobell D B, Ortiz-Monasterio J I, Sibley A M, et al. Satellite detection of earlier wheat sowing

in India and implications for yield trends[J]. Agricultural Systems, 2013, 115: 137-143.

[279]　Rodrigues A, Marçal A R, Cunha M. Monitoring vegetation dynamics inferred by satellite data using the PhenoSat tool[J]. IEEE Transactions on Geoscience and Remote Sensing, 2012, 51(4): 2096-2104.

[280]　Fisher J I, Mustard J F, Vadeboncoeur M A. Green leaf phenology at Landsat resolution: Scaling from the field to the satellite[J]. Remote Sensing of Environment, 2006, 100(2): 265-279.

[281]　Song C, Woodcock C E, Li X. The spectral/temporal manifestation of forest succession in optical imagery: The potential of multitemporal imagery[J]. Remote Sensing of Environment, 2002, 82(2-3): 285-302.

[282]　Holm A M, Cridland S W, Roderick M L. The use of time-integrated NOAA NDVI data and rainfall to assess landscape degradation in the arid shrubland of Western Australia[J]. Remote Sensing of Environment, 2003, 85(2): 145-158.

[283]　Reed B C, Brown J F, VanderZee D, et al. Measuring phenological variability from satellite imagery[J]. Journal of Vegetation Science, 1994, 5(5): 703-714.

[284]　Poole N, Hunt J. Advancing the Management of Crop Canopies: Keeping Crops Greener for Longer[M]. Kingston: GRDC (Grains Research and Development Corporation), 2014.

[285]　陈丽, 郝晋珉, 艾东, 等. 黄淮海平原粮食均衡增产潜力及空间分异[J]. 农业工程学报, 2015, 31(2): 288-297.

[286]　程明洋, 李琳娜, 刘彦随, 等. 黄淮海平原县域城镇化对乡村人—地—业的影响[J]. 经济地理, 2019, 39(5):181-190.

[287]　封吉昌. 国土资源实用词典[M]. 武汉: 中国地质大学出版社有限责任公司, 2012.

[288]　Mkhabela M, Bullock P, Raj S, et al. Crop yield forecasting on the Canadian Prairies using MODIS NDVI data[J]. Agricultural and Forest Meteorology, 2011, 151(3): 385-393.

[289]　Smith R, Adams J, Stephens D, et al. Forecasting wheat yield in a Mediterranean-type environment from the NOAA satellite[J]. Australian Journal of Agricultural Research, 1995, 46(1): 113-125.

[290]　Reed B C, Schwartz M D, Xiao X. Remote sensing phenology. //Noormets A. Phenology of Ecosystem Processes: Applications in Global Change Research[M]. New York: Springer, 2009, 231-246.

[291]　Schnur M T, Xie H, Wang X. Estimating root zone soil moisture at distant sites using MODIS NDVI and EVI in a semi-arid region of southwestern USA[J]. Ecological Informatics, 2010, 5(5): 400-409.

[292]　Wardlow B D, Egbert S L, Kastens J H. Analysis of time-series MODIS 250 m vegetation index data for crop classification in the US Central Great Plains[J]. Remote Sensing of Environment, 2007, 108(3): 290-310.

[293]　Zhong L, Hawkins T, Biging G, et al. A phenology-based approach to map crop types in the San Joaquin Valley, California[J]. International Journal of Remote Sensing, 2011, 32(22):

7777-7804.

[294] Broich M, Huete A, Paget M, et al. A spatially explicit land surface phenology data product for science, monitoring and natural resources management applications[J]. Environmental Modelling & Software, 2015, 64: 191-204.

[295] Ganguly S, Friedl M A, Tan B, et al. Land surface phenology from MODIS: Characterization of the Collection 5 global land cover dynamics product[J]. Remote Sensing of Environment, 2010, 114(8): 1805-1816.

[296] 梁守真, 马万栋, 施平, 等. 基于 MODIS NDVI 数据的复种指数监测——以环渤海地区为例[J]. 中国生态农业学报, 2012, 20(12): 1657-1663.

[297] Cao R, Chen Y, Shen M, et al. A simple method to improve the quality of NDVI time-series data by integrating spatiotemporal information with the Savitzky-Golay filter[J]. Remote Sensing of Environment, 2018, 217: 244-257.

[298] Guan X, Huang C, Liu G, et al. Mapping rice cropping systems in Vietnam using an NDVI-based time-series similarity measurement based on DTW distance[J]. Remote Sensing, 2016, 8(1): 19.

[299] Filippa G, Cremonese E, Migliavacca M, et al. NDVI derived from near-infrared-enabled digital cameras: Applicability across different plant functional types[J]. Agricultural and Forest Meteorology, 2018, 249: 275-285.

[300] Wang R, Cherkauer K, Bowling L. Corn response to climate stress detected with satellite-based NDVI time series[J]. Remote Sensing, 2016, 8(4): 269.

[301] Stapper M. Crop monitoring and Zadoks growth stages for wheat[J]. Grains Research and Development Corporation (GRDC), Research Update, 2007.

[302] Guerschman J P, Hill M J, Renzullo L J, et al. Estimating fractional cover of photosynthetic vegetation, non-photosynthetic vegetation and bare soil in the Australian tropical savanna region upscaling the EO-1 Hyperion and MODIS sensors[J]. Remote Sensing of Environment, 2009, 113(5): 928-945.

[303] French R, Schultz J, Rudd C. Effect of time of sowing on wheat phenology in South Australia[J]. Australian Journal of Experimental Agriculture, 1979, 19(96): 89-96.

[304] McMaster G, Wilhelm W. Phenological responses of wheat and barley to water and temperature: improving simulation models[J]. The Journal of Agricultural Science, 2003, 141(2): 129-147.

[305] Acevedo E, Silva P, Silva H. Wheat growth and physiology[Z]. Bread Wheat, Improvement and Production, 2002, 30.

[306] Satorre E H, Slafer G A. Wheat: Ecology and Physiology of Yield Determination[M]. Boca Raton: CRC Press, 1999.

[307] Armstrong L, Abrecht D, Anderson W, et al. The effect of non-lethal water deficits during establishment on the growth of wheat crops[C]. Proceedings of the 8th Australian Agronomy Conference. Toowoomba, QLD, 1996: 80-83.

[308] Fischer R. The importance of grain or kernel number in wheat: A reply to Sinclair and Jamieson[J]. Field Crops Research, 2008, 105(1-2): 15-21.

[309] Plaut Z, Butow B, Blumenthal C, et al. Transport of dry matter into developing wheat kernels and its contribution to grain yield under post-anthesis water deficit and elevated temperature[J]. Field Crops Research, 2004, 86(2-3): 185-198.

[310] Villarini G, Serinaldi F, Smith J A, et al. On the stationarity of annual flood peaks in the continental United States during the 20th century[J]. Water Resources Research, 2009, 45(8):W08417.

[311] Zhang Q, Gu X, Singh V P, et al. More frequent flooding? Changes in flood frequency in the Pearl River basin, China since 1951 and over the past 1000 years[J]. Hydrology and Earth System Sciences, 2018, 22(5): 2637-2653.

[312] 顾西辉, 张强, 王宗志. 1951—2010 年珠江流域洪水极值序列平稳性特征研究[J]. 自然资源学报, 2015, 30(5): 824-835.

[313] Liu Y, Peng J, Wang Y. Efficiency of landscape metrics characterizing urban land surface temperature[J]. Landscape and Urban Planning, 2018, 180: 36-53.

[314] Pan N, Feng X, Fu B, et al. Increasing global vegetation browning hidden in overall vegetation greening: Insights from time-varying trends[J]. Remote Sensing of Environment, 2018, 214: 59-72.

[315] Peng J, Tian L, Liu Y, et al. Ecosystem services response to urbanization in metropolitan areas: Thresholds identification[J]. Science of the Total Environment, 2017, 607: 706-714.

[316] Chen T, de Jeu R A M, Liu Y, et al. Using satellite based soil moisture to quantify the water driven variability in NDVI: A case study over mainland Australia[J]. Remote Sensing of Environment, 2014, 140: 330-338.

[317] Chen B, Xu G, Coops N C, et al. Changes in vegetation photosynthetic activity trends across the Asia-Pacific region over the last three decades[J]. Remote Sensing of Environment, 2014, 144: 28-41.

[318] Verbesselt J, Hyndman R, Newnham G, et al. Detecting trend and seasonal changes in satellite image time series[J]. Remote Sensing of Environment, 2010, 114(1): 106-115.

[319] Gu Y, Wylie B K. Developing a 30-m grassland productivity estimation map for central Nebraska using 250-m MODIS and 30-m Landsat-8 observations[J]. Remote Sensing of Environment, 2015, 171: 291-298.

[320] Liu L, Xu X, Chen X. Assessing the impact of urban expansion on potential crop yield in China during 1990-2010[J]. Food Security, 2015, 7(1): 33-43.

[321] Hu Y, Hou M, Jia G, et al. Comparison of surface and canopy urban heat islands within megacities of eastern China[J]. ISPRS Journal of Photogrammetry and Remote Sensing, 2019, 156: 160-168.

[322] Lobell D B, Burke M B. On the use of statistical models to predict crop yield responses to climate change[J]. Agricultural and Forest Meteorology, 2010, 150(11): 1443-1452.

[323] Markelz R C, Strellner R S, Leakey A D. Impairment of C4 photosynthesis by drought is exacerbated by limiting nitrogen and ameliorated by elevated [CO_2] in maize[J]. Journal of Experimental Botany, 2011, 62(9): 3235-3246.

[324] Ortiz R, Sayre K D, Govaerts B, et al. Climate change: Can wheat beat the heat?[J]. Agriculture, Ecosystems & Environment, 2008, 126(1-2): 46-58.

[325] Xiao G J, Zhang Q, Wang J, et al. Influence of increased temperature on the yield and quality of broad bean in semiarid regions of northwest China[J]. Plant, Soil and Environment, 2017, 63(5): 220-225.

[326] Bai H, Wang J, Fang Q, et al. Modeling the sensitivity of wheat yield and yield gap to temperature change with two contrasting methods in the North China Plain[J]. Climatic Change, 2019, 156(4): 589-607.

[327] Rashid M A, Jabloun M, Andersen M N, et al. Climate change is expected to increase yield and water use efficiency of wheat in the North China Plain[J]. Agricultural Water Management, 2019, 222: 193-203.

[328] 段海霞, 王素萍, 冯建英. 2010 年全国干旱状况及其影响与成因[J]. 干旱气象, 2011, 29(1): 126-132.

[329] Weng Q, Lu D, Liang B. Urban surface biophysical descriptors and land surface temperature variations[J]. Photogrammetric Engineering & Remote Sensing, 2006, 72(11): 1275-1286.

[330] Yan H, Fan S, Guo C, et al. Assessing the effects of landscape design parameters on intra-urban air temperature variability: The case of Beijing, China[J]. Building and Environment, 2014, 76: 44-53.

[331] Zhou W, Qian Y, Li X, et al. Relationships between land cover and the surface urban heat island: seasonal variability and effects of spatial and thematic resolution of land cover data on predicting land surface temperatures[J]. Landscape Ecology, 2014, 29(1): 153-167.

[332] Anderson M, Cribble N. Partitioning the variation among spatial, temporal and environmental components in a multivariate data set[J]. Australian Journal of Ecology, 1998, 23(2): 158-167.

[333] Li X, Zhou W, Ouyang Z. Forty years of urban expansion in Beijing: What is the relative importance of physical, socioeconomic, and neighborhood factors?[J]. Applied Geography, 2013, 38: 1-10.

[334] Li X, Zhou W, Ouyang Z, et al. Spatial pattern of greenspace affects land surface temperature: evidence from the heavily urbanized Beijing metropolitan area, China[J]. Landscape Ecology, 2012, 27(6): 887-898.

[335] 沈威. 长沙市耕地景观格局变化研究[D]. 长沙: 湖南师范大学, 2019.

[336] Li W, Bai Y, Chen Q, et al. Discrepant impacts of land use and land cover on urban heat islands: A case study of Shanghai, China[J]. Ecological Indicators, 2014, 47: 171-178.

[337] Zhou W, Huang G, Cadenasso M L. Does spatial configuration matter? Understanding the effects of land cover pattern on land surface temperature in urban landscapes[J]. Landscape and Urban Planning, 2011, 102(1): 54-63.

[338] Neel M C, McGarigal K, Cushman S A. Behavior of class-level landscape metrics across gradients of class aggregation and area[J]. Landscape Ecology, 2004, 19(4): 435-455.

[339] Sang N, Miller D, Ode Å. Landscape metrics and visual topology in the analysis of landscape preference[J]. Environment and Planning B: Planning and Design, 2008, 35(3): 504-520.

[340] Kong F, Yin H, Wang C, et al. A satellite image-based analysis of factors contributing to the green-space cool island intensity on a city scale[J]. Urban Forestry & Urban Greening, 2014, 13(4): 846-853.

[341] Rhee J, Park S, Lu Z. Relationship between land cover patterns and surface temperature in urban areas[J]. GIScience & Remote Sensing, 2014, 51(5): 521-536.

[342] Dobbs C, Nitschke C, Kendal D. Assessing the drivers shaping global patterns of urban vegetation landscape structure[J]. Science of the Total Environment, 2017, 592: 171-177.

[343] Peng J, Wang Y, Zhang Y, et al. Evaluating the effectiveness of landscape metrics in quantifying spatial patterns[J]. Ecological Indicators, 2010, 10(2): 217-223.

[344] Connors J P, Galletti C S, Chow W T. Landscape configuration and urban heat island effects: assessing the relationship between landscape characteristics and land surface temperature in Phoenix, Arizona[J]. Landscape Ecology, 2013, 28(2): 271-283.

[345] Maimaitijiang M, Ghulam A, Sandoval J, et al. Drivers of land cover and land use changes in St. Louis metropolitan area over the past 40 years characterized by remote sensing and census population data[J]. International Journal of Applied Earth Observation and Geoinformation, 2015, 35: 161-174.

[346] Peng Y, Mi K, Qing F, et al. Identification of the main factors determining landscape metrics in semi-arid agro-pastoral ecotone[J]. Journal of Arid Environments, 2016, 124: 249-256.

[347] Zhou Z, Li J. The correlation analysis on the landscape pattern index and hydrological processes in the Yanhe watershed, China[J]. Journal of Hydrology, 2015, 524: 417-426.

[348] Su M, Zheng Y, Hao Y, et al. The influence of landscape pattern on the risk of urban water-logging and flood disaster[J]. Ecological Indicators, 2018, 92: 133-140.

[349] 娄铎, 陈玉娟, 刘凯, 等. 广州东部风水林斑块面积对生物量的影响[J]. 中山大学学报(自然科学版), 2019, 58(1): 12-21.